Nachhaltigkeitsmanagement kompakt

Nachhaltigkeitsmanagement kompakt

Normative und regulative Anforderungen sowie erste Schritte zur Implementierung nachhaltiger Prozesse und Strategien in Unternehmen

herausgegeben von

Prof. Dr. Remmer Sassen

Verlag Franz Vahlen München

Der Herausgeber dieses Bandes, **Prof. Dr. Remmer Sassen,** ist seit Oktober 2020 Inhaber der Professur für Betriebswirtschaftslehre, insb. Umweltmanagement am Internationalen Hochschulinstitut (IHI) Zittau der TU Dresden. Zudem vertritt er in Personalunion die Professur für Betriebswirtschaftslehre, insbesondere Nachhaltigkeitsmanagement und Betriebliche Umweltökonomie an der Fakultät Wirtschaftswissenschaften der TU Dresden.

ISBN Print: 978 3 8006 7135 9
ISBN ePDF: 978 3 8006 7136 6
ISBN ePub: 978 3 8006 7137 3

Wilhelmstraße 9, 80801 München
Druck und Bindung: Beltz Grafische Betriebe GmbH
Am Fliegerhorst 8, 99947 Bad Langensalza

Satz: Fotosatz Buck,
Zweikirchener Str. 7, 84036 Kumhausen
Umschlag: Ralph Zimmermann – Bureau Parapluie
Bildnachweis: photon_photo-stock.adobe.com

Gedruckt auf säurefreiem, alterungsbeständigem Papier
(hergestellt aus chlorfrei gebleichtem Zellstoff)

Inhaltsübersicht

Nachhaltigkeitsmanagement kompakt auf einen Blick

Nachhaltigkeit hat in den letzten Jahren immer mehr an Bedeutung gewonnen. Angesichts von Herausforderungen wie dem Klimawandel, der Ressourcenknappheit und sozialen Ungerechtigkeiten ist es unerlässlich geworden, dass Unternehmen ihre Aktivitäten nachhaltig gestalten. Dabei geht es darum, wirtschaftliche, soziale und ökologische Aspekte in Einklang zu bringen und langfristig zu handeln, um die Bedürfnisse der gegenwärtigen Generation zu erfüllen, ohne die Möglichkeiten künftiger Generationen zu beeinträchtigen.

Nachhaltigkeitsmanagement kompakt bietet eine grundlegende Einführung in das Thema und geht auf zentrale Prinzipien und Konzepte des Nachhaltigkeitsmanagements ein, die Unternehmen helfen, ein Nachhaltigkeitsmanagement aufzubauen und weiterzuentwickeln. Es bietet auch einen Überblick über die verschiedenen Ansätze und Instrumente des Nachhaltigkeitsmanagements, damit Unternehmen ihre Aktivitäten analysieren, bewerten und verbessern können, um ökologische und soziale Auswirkungen zu reduzieren und langfristige Wertschöpfung zu ermöglichen. Dabei berücksichtigt *Nachhaltigkeitsmanagement kompakt* auch zentrale rechtliche und politische Rahmenbedingungen.

Nachhaltige Entwicklung ist sowohl dringlich als auch komplex! Nachhaltiges Handeln ist nicht nur ein Trend, sondern eine Notwendigkeit, um unsere Zukunft zu sichern. *Nachhaltigkeitsmanagement kompakt* bietet daher praktische Anleitungen, um nachhaltige Veränderungen zu initiieren und umzusetzen. Im Einzelnen behandelt das Buch verschiedene Aspekte, von überzeugenden Gründen für mehr Nachhaltigkeit in Unternehmen über die EU-Taxonomie und ihre regulativen Anforderungen bis hin zu Strategien und Prozessen zur Implementierung eines Nachhaltigkeitsmanagements. Zusätzlich werden die nachhaltige Unternehmenssteuerung und die Nachhaltigkeitskommunikation behandelt.

- Zunächst beleuchtet *Nachhaltigkeitsmanagement kompakt* die vielen Vorteile, die Unternehmen durch die Implementierung von

Nachhaltigkeit erlangen können. Es werden 10 überzeugende Gründe aufgeführt, warum Nachhaltigkeit für Unternehmen wichtig ist, darunter Kostenersparnis, Umsatzsteigerung, Vereinfachung der Finanzierung, Förderung von Innovation, Verbesserung der Reputation, Schaffung eines Wettbewerbsvorteils, Risikomanagement, Antizipation des regulatorischen Umfelds sowie Steigerung der Attraktivität und Förderung der Arbeitszufriedenheit.

- Im zweiten Schritt werden zentrale normative und regulative Anforderungen an das unternehmerische Nachhaltigkeitsmanagement aufgezeigt. Insbesondere wird der Hintergrund des Green Deals erläutert, der den Rahmen für die EU-Taxonomie bildet. Es werden Ziele und technischen Bewertungskriterien der EU-Taxonomie vorgestellt, die nachhaltige Wirtschaftsaktivitäten klassifiziert. Zudem werden die Umweltziele der EU-Taxonomie und ihre praktische Anwendung diskutiert.
- Der Abschnitt erste Schritte zur Implementierung eines Nachhaltigkeitsmanagements beschäftigt sich mit Strategien und Prozessen zur Implementierung eines Nachhaltigkeitsmanagements in Unternehmen. Es werden Methoden zur Bestandsaufnahme existierender Nachhaltigkeitsaktivitäten vorgestellt, gefolgt von der Entwicklung einer Nachhaltigkeitsstrategie. Die Formulierung von Zielen und Maßnahmen sowie die Integration dieser Maßnahmen in betriebliche Prozesse werden ebenfalls erläutert.
- Hierauf aufbauend werden Grundlagen der nachhaltigen Unternehmenssteuerung dargestellt. Es werden Zielkonflikte und Zielkonsense diskutiert, die in der nachhaltigen Unternehmenssteuerung auftreten können. Des Weiteren wird das Spannungsfeld zwischen der Integration in bestehende Steuerungssysteme und der Nutzung von separaten Steuerungssystemen erörtert. Ein Schwerpunkt liegt auf dem Nachhaltigkeitscontrolling durch Indikatoren und Kennzahlen, einschließlich des Datenmanagements und der Verwendung von Indikatoren und Kennzahlensystemen.
- *Nachhaltigkeitsmanagement kompakt* widmet sich abschließend der Bedeutung der Nachhaltigkeitsberichterstattung und warum Unternehmen über ihre Nachhaltigkeitsaktivitäten informieren sollten. Es werden Möglichkeiten aufgezeigt, wie Unternehmen ihre Nachhaltigkeitsleistung offenlegen können, um Transparenz darüber herzustellen. Es werden Standards und Instrumente für die Nachhaltigkeitsberichterstattung sowie kommende Entwicklungen in diesem Bereich diskutiert.

Kapitel 1: 10 überzeugende Gründe für mehr Nachhaltigkeit in Unternehmen

von Leyla Azizi, Colin Bien, Remmer Sassen, Stella-Maria Yerokhin

Der Diskurs zur nachhaltigen Entwicklung gehört aktuell zu den meistdiskutierten Objekten auf der politischen, wirtschaftlichen, gesellschaftlichen und wissenschaftlichen Agenda. Im Jahr 2019 hat die Europäische Kommission mit dem Green Deal ein umfangreiches Programm ausgerufen, welches das Ziel hat, die EU bis 2050 klimaneutral zu machen und nachhaltiges Wirtschaften zu fördern. In diesem Kontext sind mehrere Regulierungen und Regulierungsentwürfe entstanden, welche deren konkrete Umsetzung steuern werden. Die zentralen Regulierungen, wie etwa die EU-Taxonomie, die Corporate Sustainable Reporting Directive, die Sustainable Finance Disclosure Regulation sowie die Corporate Sustainability Due Diligence Directive treiben die Unternehmen dazu, vermehrt ESG-Aspekte zu implementieren und darüber zu berichten. In den nächsten drei bis fünf Jahren werden etwa 15.000 Unternehmen allein in Deutschland dazu verpflichtet (aktuell sind es ca. 550), über ihre Nachhaltigkeitsaktivitäten zu berichten (RNE 2022a). Ein solcher Bericht umfasst Informationen über Leistungen und Auswirkungen des Unternehmens auf ökologische, soziale und Führungsparameter (ESG). Themen wie Klimawandel, Biodiversität, Ökosysteme und Kreislaufwirtschaft, aber auch Unternehmensführung und Risikomanagement werden zu Pflichtinhalten der Berichterstattung und müssen in das tägliche Geschäft integriert werden.

Ein grundlegendes Konzept der Nachhaltigkeitsberichterstattung von Unternehmen ist die doppelte Wesentlichkeit (EFRAG 2023). Es bezieht sich auf die zweidimensionale Perspektive zwischen Unternehmen und der Natur: Einerseits wirkt sich die Natur auf die Unternehmen und damit auch auf deren finanzielle Leistungsfähigkeit aus (Outside-in-Perspektive oder Financial Materiality). Auf der anderen Seite wirkt sich die Wirtschaft auf die natürliche Umwelt auf (Inside-out-Perspektive oder Impact Materiality). Unternehmen sollten deswegen auf die doppelte Wesentlichkeit achten, indem sie Abhängigkeiten und Auswirkungen auf die Natur in ihre Nachhaltigkeitsberichterstattung einbeziehen.

Unternehmen integrieren deswegen zunehmend gesellschaftlich relevante Nachhaltigkeitsbelange in ihre Managemententscheidungen, Rechnungslegung und Berichterstattung, sodass sich nachhaltigkeitsorientierte Konzepte, wie etwa ESG oder Corporate Social Responsibility (CSR), von der Theorie zur unternehmerischen Praxis entwickelt haben. Dies hat zu einer Integration von ESG-Aspekten in Entscheidungsprozesse geführt, die wiederum zu einer effektiven Unternehmensführung beitragen (Oranges Cezarino et al. 2022). Der folgende Abschnitt stellt zehn Argumente für mehr Nachhaltigkeit in Unternehmen vor.

Grund #1: Nachhaltigkeit senkt Kosten

Wer Unternehmen nachhaltiger gestaltet, kann dies oft auch mit einer Einsparung von Kosten verbinden, sodass Kosteneinsparungen und Nachhaltigkeit Hand in Hand gehen können. Unternehmen, die nachhaltige Geschäftsprozesse implementieren, entlasten nicht nur die Umwelt, sondern erzielen auch finanzielle Vorteile (Sassen et al. 2016). Nachhaltigkeit heißt, mit Ressourcen, wie etwa Materialien und Energie, schonend und effizient umzugehen. Dies führt oft zu einer Effizienzsteigerung und einer daraus resultierenden Kostenreduktion.

Laut einer Studie des Borderstep Instituts könnten etwa 3 Millionen Tonnen CO_2-Emissionen in Deutschland jährlich eingespart werden, wenn Dienstreisen, so wie etwa zur Zeit der Covid-19-Pandemie, dauerhaft durch Videokonferenzen ersetzt werden (Clausen & Schramm 2021). Einerseits würde in diesem Fall ein nachhaltiges Dienstreisemanagement zu einer effizienteren und nachhaltigen Ausgestaltung der Geschäftsprozesse z.B. durch Emissionsreduktion beitragen. Andererseits würde diese Maßnahme nicht unerhebliche Kosteneinsparungen ermöglichen.

Unternehmen wie Puma, Mars, Floow2 und Desso betrachten Nachhaltigkeit und Kosteneinsparungen bereits als eng miteinander verbundene Konzepte und schöpfen deren Potenziale aus. So haben sie nachhaltigkeitsorientierte Geschäftsprozesse zur dauerhaften Kostensenkung implementiert. An dieser Stelle werden beispielhaft einige dieser Maßnahmen genannt. Erstens kann eine effiziente Ressourcennutzung beispielsweise durch gemeinsame Ressourcennutzung wie das Teilen von Maschinen oder Transportfahrzeugen ermöglicht werden.

Gemeinsame Nutzung reduziert in diesem Fall das Investitionsvolumen in das Anlagevermögen. Zweitens stellt das Abfallmanagement einen wesentlichen Faktor bei der Kostenreduzierung dar. Das nachhaltige Management von Abfällen ist dabei der Schlüssel jeder Kostensenkungsmaßnahme. So spielt beispielsweise die Wiederverwendung von Materialien zur Reduktion der Abfälle auch in der Privatwirtschaft eine immer größere Rolle. Drittens ist die Energieeffizienz zu nennen. Ein effizienter Energieverbrauch führt zur Kostenreduktion, vor allem bei hohen Energiepreisen, und stellt einen der wesentlichen Treiber der nachhaltigkeitsorientierten Geschäftsführung dar (D'heur 2015).

Grund #2: Nachhaltigkeit steigert Umsatz und Marge

Die positiven Auswirkungen von Nachhaltigkeit auf die finanzielle Unternehmensleistung sind mittlerweile gut belegt. Eine Meta-Studie von Friede et al. (2015) zeigt den überwiegend positiven Zusammenhang zwischen Nachhaltigkeitsintegration und finanzieller Leistung auf. Auch in der systematischen Literaturrecherche von Ludwig und Sassen (2022) wird ein positiver Zusammenhang zwischen institutioneller Verankerung der Nachhaltigkeit und erhöhter Nachhaltigkeitsperformance deutlich, was sich in Folge positiv auf die finanzielle Leistung auswirkt.

Diese positive Beziehung kann auch durch Praxisbeispiele belegt werden. VAUDE als ein Leuchtturmbeispiel für nachhaltige Transformation hat in den letzten zehn Jahren gezeigt, dass sich Investitionen in Nachhaltigkeit auch wirtschaftlich auszahlen. Das Geschäftsmodell des Unternehmens zeigt, dass Nachhaltigkeit nicht nur ein positives Image erzeugt, sondern auch einen positiven Einfluss auf den Umsatz und die Marge haben kann (VAUDE 2023).

Es gibt viele Möglichkeiten, wie sich Nachhaltigkeit auf die finanzielle Performance eines Unternehmens auswirken kann, beispielsweise durch neue Kundensegmente oder effizientere Produktionsprozesse (Frey et al. 2023).

Grund #3: Nachhaltigkeit vereinfacht Finanzierung

Die Transformation der Wirtschaft erfordert ein Umdenken des heutigen Finanzsystems. Nachhaltige und verantwortungsbewusste Investitionen (Sustainable & Responsible Investment (SRI)) sowie das

Konzept der Sustainable Finance gewinnen deswegen zunehmend an Bedeutung. Die erfolgreiche Umsetzung des EU Green Deals sowie der EU Sustainable Finance Strategie hängen maßgeblich von der Privatwirtschaft ab und sollen künftig attraktivere Anreize für Privatanleger bieten (Sustainable-Finance-Beirat der Bundesregierung 2021). Nachhaltigkeit wird zunehmend ein wesentlicher Faktor bezüglich der Finanzierungs- und Investitionsentscheidungen von Unternehmen. Ein gutes Abschneiden bei ESG-Kennzahlen kann den Zugang zu den Kapitalmärkten und somit zu Finanzierungsquellen erleichtern. Weltweit werden immer mehr Investitionen mit Blick auf Nachhaltigkeit getätigt, und der Markt für nachhaltige Investitionen wächst kontinuierlich (Global Sustainable Investment Alliance 2021). Im Jahr 2015 erreichte der Markt für alle Arten von SRI-Angeboten nach Angaben der Global Sustainable Investment Alliance 22,9 Billionen US-Dollar. Dies entspricht einem globalen Marktanteil von 26,3 % (Global Sustainable Investment Alliance 2021).

Unternehmen, die sich für eine nachhaltige Ausrichtung entscheiden, haben somit einen Finanzierungsvorteil bei den Investoren. Zudem wird von großen Vermögensverwaltern wie BlackRock erwartet, dass sie von den Unternehmen, in die sie investieren, aussagekräftige Nachhaltigkeitsinformationen erhalten. Larry Fink, der CEO von BlackRock, der größte Vermögensverwalter der Welt, sagte kürzlich: „If companies fail to provide meaningful sustainability information, we will hold management accountable" (BlackRock 2020). Wer also künftig seine Attraktivität gegenüber Investoren steigern möchte, muss nachhaltig sein.

Grund #4: Nachhaltigkeit schafft Innovation

Der Innovationspolitik kommt eine entscheidende Rolle in der sozial-ökologischen Transformation zu (RNE 2022b). Unternehmen tragen in diesem Kontext große Verantwortung für den nachhaltigen Strukturwandel (Sassen et al. 2021). Deswegen entwickeln viele Unternehmen innovative und ressourcenschonende Produkte, Dienstleistungen, Prozesse oder ganzheitliche Geschäftsmodelle. Dies hat nicht nur positive Auswirkungen auf die Umwelt und Gesellschaft, sondern ebenso auf die Innovationskraft und Wettbewerbsfähigkeit der Wirtschaft in Deutschland.

Eine Meta-Studie von Kuzma et al. (2020) belegt den positiven Effekt von Innovationen auf die Nachhaltigkeitsleistung einer Organisation.

Einerseits helfen Innovationen dabei, ökologischen Herausforderungen zu begegnen und nachhaltige Geschäftsmodelle zu etablieren. Andererseits steigern Unternehmen ihre Innovationskraft durch die Integration von Nachhaltigkeit in ihre Geschäftsstrategien.

Ein Beispiel aus der Praxis für den Zusammenhang von Nachhaltigkeitsmanagement und Innovationen ist die Wiegel-Gruppe. Alexander Hofmann, Geschäftsführer der Wiegel-Gruppe, entwickelte mit seinem Team Ende der 1980er-Jahre in einem Pilotprojekt einen neuen Anlagentyp einer Feuerverzinkerei mit komplett eingehauster Verzinkungs- und Vorbehandlungslinie. Das Ergebnis waren enorme Kosteneinsparungen, Abfallvermeidung und Energieeffizienzgewinne. Diese Innovation ermöglichte in den letzten Jahrzehnten die Errichtung von 33 neuen Betrieben aus eigener Kraft. Für sein Engagement wurde Alexander Hofmann unter anderem mit dem B.A.U.M Preis 2020 ausgezeichnet (B.A.U.M. Netzwerk für Nachhaltiges Wirtschaften, o.J.).

Dieses Beispiel verdeutlicht, dass Nachhaltigkeit der Ausgangspunkt für Innovationen sein kann. Durch die Entwicklung neuer Technologien und Produkte können Unternehmen nicht nur ökologische wie soziale Herausforderungen angehen, sondern auch Wettbewerbsvorteile durch differenzierte Marktstrategien erzielen und ihre Geschäftsmodelle zukunftsfähig gestalten (RNE 2022b).

Grund #5: Nachhaltigkeit verbessert Reputation

Nachhaltigkeitsmanagement stärkt die Reputation und ist daher von strategischer Bedeutung für Unternehmen (Hillenbrand & Money 2007; Fombrun & Gardberg 2000; Sassen et al. 2021). Eine gute Reputation trägt ihrerseits zum nachhaltigen finanziellen Erfolg bei und hängt signifikant mit der besseren Leistung zusammen (Sassen et al. 2016).

Weiterhin verbessert Nachhaltigkeit die Reputation eines Unternehmens, indem sie die Erwartungen der Stakeholder befriedigt und sich positiv auf deren Wahrnehmung des Unternehmens auswirkt (Boulouta & Pitelis 2014). Gomez-Trujillo et al. (2020) haben in einer Meta-Studie gezeigt, dass Nachhaltigkeit häufig eine Vorstufe der Unternehmensreputation ist und somit die Akzeptanz sowie die Wahrnehmung der Unternehmensaktivitäten durch ihre Stakeholder verbessert. Ein Unternehmen kann durch sein Nachhaltigkeitsengagement das Vertrauen von Kunden und Geschäftspartnern erhöhen und sich somit von Wettbewerbern abheben. Ein Beispiel dafür ist die LEGO Group. Laut dem New York Reputation Institute hat es das Unternehmen mit einer konsistenten CSR-Strategie geschafft, an die Spitze der Unternehmen mit der besten Reputation weltweit zu gelangen (RepTrak 2023). In dieser Strategie nimmt Nachhaltigkeit einen hohen Stellenwert ein. Die nachhaltigkeitsrelevanten Aktivitäten werden von der Geschäftsführung unterstützt, und das Engagement wird aktiv sowohl nach innen als auch nach außen sichtbar gemacht (The LEGO Group 2022).

Grund #6: Nachhaltigkeit ist Wettbewerbsvorteil

Nachdem auch in der Bevölkerung die Aufrufe zum nachhaltigen Handeln immer deutlicher werden, beginnen mehr und mehr Unternehmen damit, ihre Geschäftsmodelle ökologischer und sozialer zu gestalten, um damit Kundenwünsche und -bedürfnisse zu befriedigen (Deloitte 2022). Laut einer Umfrage der Wirtschaftsprüfungsgesellschaft Deloitte werden ökologische und soziale Kriterien zunehmend in Kaufentscheidungen einbezogen. Dies leistet einen Beitrag zur Förderung eines nachhaltigeren Lebensstils, aber auch zur nachhaltigen Ausgestaltung der Lieferketten und Produktionsprozesse. Unternehmen erweitern daher massiv ihr Angebot an nachhaltigen Produkten und Dienstleistungen. So hat beispielsweise der Fleischhersteller Rügenwalder Mühle in den vergangenen Jahren eine komplette Produktlinie von veganen und vegetarischen Fleischersatzprodukten entwickelt. Damit reagierte das Unternehmen auf veränderte Kundenpräferenzen und neue Konkurrenzprodukte. Mittlerweile macht das Unternehmen mehr Umsatz mit seinen Fleischalternativen als mit konventionellen Wurstwaren (Rügenwalder Mühle Carl Müller GmbH & Co. KG 2021).

Grund #7: Nachhaltigkeit ist Risikomanagement

Umweltrisiken sind zunehmend gleichbedeutend mit großen ökonomischen Risiken. Dem Global Risks Report 2023 des Word Economic Forums (2023) zufolge beinhalten die Top-10-Risiken bezogen auf die nächsten zehn Jahre sechs Risiken mit Umweltbezug (z.B. Klimawandel, Biodiversitätsverlust usw.). In diesem Kontext wächst stetig das Bewusstsein für Nachhaltigkeitsrisiken bei Investoren, Regulierungsbehörden und Kunden. Auch die aktuellen Regulierungen wie die EU-Taxonomie tragen zu einer erhöhten Sensibilisierung im Umgang mit den naturbedingten Risiken bei, indem sie beispielsweise die Berichterstattung darüber verpflichtend einführen. Eine empirische Untersuchung von Sassen et al. (2016) belegt, dass sich Nachhaltigkeit als Business Case positiv auf das Risikomanagement auswirkt. Somit führt eine effektive ESG-Performance zur Risikominimierung und zur Stärkung der unternehmerischen Widerstandsfähigkeit (Sassen et al. 2016). Darüber hinaus ergeben sich für Unternehmen weitere nachhaltigkeitsrelevante Risiken wie etwa Verstöße gegen Menschenrechte in der Lieferkette (Deloitte 2019), sodass Unternehmen verstärkt mit Organisationen zusammenarbeiten, die mit den Kriterien der EU-Taxonomie, aber auch dem Lieferkettengesetz bzw. der Corporate Sustainability Due Diligence Directive konform gehen.

Viele Unternehmen reagieren auf die aktuellen Entwicklungen und setzen deswegen (proaktive) Maßnahmen ein, um ihre Nachhaltigkeitsrisiken zu minimieren. Für AXA beispielsweise ist ein Risikomanagement der umweltbedingten Risiken wesentlicher Teil der Nachhaltigkeitsstrategie (AXA 2021). Der sorgfältige Umgang mit klimabedingten direkten wie indirekten Risiken im Einklang mit strategischen Unternehmenszielen ist von grundlegender Bedeutung für die Geschäftstätigkeit des Finanzinstituts (AXA 2022). Das Versicherungsunternehmen hat dazu einen eigenen Prozess entwickelt, um nachhaltigkeitsbezogene und weitere Risiken systematisch zu prüfen.

Grund #8: Regulatorisches Umfeld antizipieren

Unternehmen, die Nachhaltigkeit in ihre Geschäftsstrategie integrieren möchten, müssen sich auch auf eine zunehmend regulierte Umgebung vorbereiten (Sassen et al. 2021). Die gesetzlichen Anforderungen, insbesondere in Bezug auf die Berichterstattung, werden in den kommenden Jahren weiter zunehmen. Die EU hat bereits eine Reihe von Richtlinien und Gesetzen eingeführt, die Unternehmen dazu verpflichten, ihre Nachhaltigkeitsleistung offenzulegen. Dazu gehören beispielsweise die EU-Taxonomie, die Corporate Sustainability Reporting Directive, die Sustainable Finance Reporting Directive oder die Corporate Sustainability Due Dilligence Directive (CSR Berichtspflicht, o.J.). Die Corporate Sustainability Reporting Directive reguliert Inhalte und Darstellung der Berichtspflicht im Rahmen der European Sustainability Reporting Standards, welche neben den übergreifenden Standards außerdem Standards zu den drei ESG-Dimensionen sowie weitere sektorspezifische Standards beinhalten.

Es ist zu erwarten, dass weitere Gesetze folgen werden, die Unternehmen dazu verpflichten, menschenrechtliche und ökologische Sorgfaltspflichten entlang der Wertschöpfungskette ihrer Produkte zu gewährleisten (Corporate Sustainability Due Dilligence Directive). Unternehmen sollten sich frühzeitig auf diese Anforderungen vorbereiten, damit sie in der Lage sind, transparente Berichte über ihre Nachhaltigkeitsleistung zu erstellen und die regulatorischen Anforderungen zu erfüllen. Durch die Implementierung geeigneter Systeme und Prozesse können Unternehmen nicht nur regulatorischen Anforderungen gerecht werden, sondern auch die damit einhergehenden Reputationsrisiken abwenden.

Grund #9: Nachhaltigkeit schafft Arbeitgeberattraktivität

Nachhaltigkeit kann ein entscheidender Faktor sein, um potenzielle Mitarbeitende zu gewinnen. Immer mehr Studien belegen einen positiven Einfluss von Nachhaltigkeit auf die Arbeitgeberattraktivität. Insbesondere für junge Arbeitnehmende ist der „Corporate Purpose" eines Arbeitgebers im Kontext der eigenen Identifikation mit dem Unternehmen zunehmend wichtiger als materielle Aspekte (Busamante 2021). Eine solide und authentische Nachhaltigkeitsstrategie, welche nicht nur integriert, sondern auch nach außen wie nach innen kommuniziert und gelebt wird, kann daher dazu beitragen, insbesondere junge Talente zu rekrutieren und sie langfristig zu binden (Presley et al. 2018). Viele Unternehmen haben dies bereits erkannt und integrieren Nachhaltigkeit als zentralen Bestandteil in ihre Strategie bezüglich des Human Ressource Managements. Auf den Webseiten der Unternehmen wird das Thema deswegen häufig prominent dargestellt, um potenzielle Arbeitnehmende anzusprechen. So hat beispielsweise das Unternehmen Hamborner Reit AG die Mitarbeiterentwicklung zu einem zentralen Bereich ihrer Nachhaltigkeitsstrategie gemacht (Hamborner Reit, o.J.).

Grund #10: Nachhaltigkeit steigert Arbeitszufriedenheit

Nachhaltigkeitsmanagement bringt nicht nur ökologische und ökonomische Vorteile für Unternehmen, sondern leistet auch einen Beitrag im Hinblick auf die soziale Dimension der Nachhaltigkeit (Behrmann und Sassen 2018). Dies drückt sich in Form einer positiven Auswirkung auf die Arbeitszufriedenheit von Mitarbeitenden aus. Nachhaltigkeit ist insbesondere bei jungen Menschen ein positiver Treiber für die Mitarbeiterbindung, -attraktivität und -zufriedenheit. Gross (2014) fasst systematisch Ergebnisse mehrere Studien zusammen und betont, dass das Nachhaltigkeitsmanagement eines Unternehmens dazu beitragen kann, den Mitarbeitenden ein Gefühl von Sinnhaftigkeit der Arbeit zu vermitteln und dadurch die Arbeitszufriedenheit zu steigern. Unternehmen, die ihr Nachhaltigkeitsmanagement transparent nach innen kommunizieren und ihren Mitarbeitenden außerdem die Möglichkeit geben, sich aktiv an den nachhaltigkeitsrelevanten Prozessen und Aktivitäten zu beteiligen, können die Partizipation und Identifikation der Mitarbeitenden mit dem Unternehmen fördern. Eine verantwortungsvolle Unternehmensführung ermöglicht somit die Partizipation an Transformationsprozessen und beeinflusst positiv die Zufriedenheit der Mitarbeitenden (Polman & Bhattacharya 2016).

Unternehmen, wie Unilever, IBM, Marks & Spencer und BASF setzen beispielsweise auf die Mitwirkung und Mitgestaltung ihrer Mitarbeitenden an der nachhaltigkeitsorientierten Ausrichtung der Geschäftsprozesse und -modelle, wodurch sich folglich die Arbeitszufriedenheit erhöht.

Gründe für mehr Nachhaltigkeit auf einen Blick

Nachhaltigkeit lohnt sich sowohl aus finanzieller als auch aus nichtfinanzieller Perspektive (Bové et al. 2017). Immer mehr Unternehmen integrieren deswegen Nachhaltigkeit in ihre Geschäftstätigkeiten. Empirische Untersuchungen belegen den überwiegend positiven Zusammenhang zwischen Nachhaltigkeit und finanzieller Performance, aber auch zwischen Nachhaltigkeit und langfristiger Kunden- bzw. Mitarbeiterbindung.

Aufgrund der (weitgehend fehlenden) Wirkung von unternehmerischen Selbstverpflichtungen sind staatliche Regulierungsbestrebungen von besonderer Bedeutung, um eine nachhaltige Transformation der Wirtschaft voranzubringen. Ein effizientes Nachhaltigkeitsmanagement setzt eine effektive Anreizsetzung sowie unternehmerische Freiheit und Kreativität voraus. Um marktfähige Lösungen in einem sicheren regulatorischen Umfeld zu entwickeln, müssen Kommunikations- und Transformationswege erdacht werden, um die gesetzten Ziele erreichen und Potenziale für ein nachhaltiges Wirtschaften heben zu können (Sassen et al. 2021).

So wird Nachhaltigkeit immer mehr zur Pflicht. Die aktuellen Regulierungen auf der EU-Ebene treiben die Integration von Nachhaltigkeit voran und ändern die Art und Weise von Nachhaltigkeitsmanagement und -berichterstattung maßgebend. Berichtspflichtige Unternehmen werden gezwungen, sich mit Nachhaltigkeit zu befassen und die nachhaltigkeitsrelevanten Daten offenzulegen. Aber auch die nicht berichtspflichtigen Unternehmen werden sich aufgrund der Ausstrahlwirkung von regulativen Vorschriften und der möglichen Abhängigkeiten im Rahmen der Zusammenarbeit mit den berichtspflichtigen Unternehmen ihre Geschäftstätigkeiten an die aktuellen Entwicklungen anpassen müssen.

Darüber hinaus besteht auch ein positiver Zusammenhang zwischen Nachhaltigkeitsberichterstattung und nachhaltigkeitsrelevanter Unternehmensleistung (Doan und Sassen 2020). Im Umkehrschluss heißt dies, dass Regulierungen auch die Implementierung des unternehmerischen Nachhaltigkeitsmanagements vorantreiben werden. Daher stehen Unternehmen aktuell vor der Herausforderung, nachhaltigkeitsrelevante Prozesse zu implementieren bzw. zu optimieren, falls bereits welche vorhanden sind.

Kapitel 2: Normative und regulative Anforderungen an das unternehmerische Nachhaltigkeitsmanagement im Kontext der EU-Taxonomie

von Lisa Junge und Remmer Sassen

In Zeiten des fortschreitenden Klimawandels und Biodiversitätsverlusts sowie steigender globaler Umweltverschmutzung (auch bekannt als Triple Planetary Crisis) rücken Umweltaspekte stärker in den Vordergrund, um die Stabilität des globalen Wirtschaftssystems zu gewährleisten (World Economic Forum 2021, 2022, 2023). Bereits im Jahr 1972 kam der Club of Rome zu dem Schluss, dass ein unentwegtes Wirtschafts- und Populationswachstum nicht von den begrenzten Umweltressourcen (erneuerbare und nicht-erneuerbare Umweltressourcen) getragen werden kann und unser Planet Erde somit natürliche Grenzen des Wachstums vorgibt, was auch durch das Konzept der Planetaren Grenzen gezeigt wird (Rockström et al. 2009; Steffen et al. 2015). Dennoch hat das lineare Wirtschaftsparadigma der letzten Jahrzehnte dazu geführt, dass das globale Naturkapital, welches wichtige Inputs für ökonomische Aktivitäten liefert, erheblich gesunken ist (Dasgupta 2021).

Hintergrund Green Deal

Auf diese zunehmende Bedrohung reagierte die Europäische Union (EU) 2019 mit der Vorstellung des europäischen Green Deals, welcher die europäische Wirtschaft unter anderem ressourceneffizient und klimaneutral machen soll, um Europa als ersten klimaneutralen Kontinent zu positionieren (Europäische Kommission 2019). Dabei dient der Green Deal als Fundament zur Etablierung untergeordneter Teilstrategien, die allesamt dazu beitragen sollen, das übergeordnete Ziel der Umgestaltung der EU-Wirtschaft für eine nachhaltige Zukunft zu erreichen. Teilstrategien des Green Deals sind beispielsweise:

1. die „Vom Hof auf den Tisch“-Strategie, um die europäische Lebensmittelproduktion nachhaltiger und das Lebensmittelsystem resilienter zu gestalten (Europäische Kommission 2020c),
2. der Aktionsplan für die Kreislaufwirtschaft, welcher die Abkopplung von Wirtschaftswachstum und Ressourcennutzung im Fokus hat und das Erreichen der geplanten Klimaneutralität unterstützen soll (Europäische Kommission 2020a),
3. die Biodiversitätsstrategie, welche Europas biologische Vielfalt bis 2030 auf den Pfad der Regeneration bringen soll (Europäische Kommission 2020b).

Der Green Deal kalkuliert mit 260 Milliarden Euro jährlichen Investments, um die gesetzten Ziele bis zum Jahr 2030 zu erreichen (Europäische Kommission 2019). Um die fundamentale Wende in der EU, die hinter dem Green Deal steht, zu finanzieren, bedarf es ausreichender Finanzmittel, um nachhaltige Investitionen zu tätigen. Dabei unterstreicht der Green Deal die zentrale Bedeutung nachhaltige Wirtschaftsaktivitäten transparent und zielgerichtet zu identifizieren, um sicherzustellen, dass Investoren und Anleger tatsächlich einen positiven Beitrag zur Erreichung des Green Deals leisten (Europäische Kommission 2019). Für diesen Zweck beinhaltet der Green Deal als Kernelement die Ausarbeitung einer Taxonomie zur Klassifizierung nachhaltiger Wirtschaftsaktivitäten (Europäische Kommission 2019), welche im nächsten Abschnitt genauer beleuchtet wird.

EU-Taxonomie: Rahmenwerk zur Klassifizierung nachhaltiger Wirtschaftsaktivitäten

Die EU-Taxonomie stellt ein transparentes Klassifizierungssystem für Wirtschaftsaktivitäten dar, die eine einheitliche Beurteilung des Grades der ökologischen Nachhaltigkeit von Investitionen beziehungsweise Finanzprodukten und -angeboten ermöglicht (Europäisches Parlament und Rat der EU 2020). Das Klassifizierungsinstrument der Taxonomie ist wichtig, um sicherzustellen, dass einheitliche Definitionen für die Begriffe *Nachhaltigkeit* und *nachhaltiges Wirtschaften* angewendet werden und so das Erreichen des Green Deals mithilfe nachhaltiger Investitionen vorangetrieben werden kann (Europäische Kommission, o.D.). Zum Zweck dieser Beurteilung definiert die Taxonomieverordnung Kriterien für ökologisch nachhaltige Wirtschaftsaktivitäten in Artikel drei des Textes sowie sechs Umweltkriterien, auf die später vertiefend eingegangen wird. Außerdem wurde die technische Expertengruppe für Nachhaltige Finanzen (TEG) der EU beauftragt technische Bewertungskriterien aufzustellen, auf welche ebenfalls später näher eingegangen wird.

Wann ist eine Wirtschaftsaktivität laut EU-Taxonomie ökologisch nachhaltig?

Anhand von vier Kriterien wird dargestellt, wann von einer ökologisch nachhaltigen wirtschaftlichen Tätigkeit im Sinne der EU-Taxonomie gesprochen werden kann. Diese Kriterien sind in Artikel 3 geregelt. Eine ökologisch nachhaltige Wirtschaftstätigkeit laut Taxonomieverordnung liegt vor, wenn:

1. ein wesentlicher Beitrag zur Erreichung von einem oder mehrerer Umweltziele geleistet wird,
2. keine wesentliche negative Beeinträchtigung bei der Erreichung der weiteren Umweltziele resultiert,
3. ein Mindestschutz sichergestellt wird (Artikel 18) und
4. die von der Europäischen Kommission bestimmten technischen Bewertungskriterien eingehalten werden.

Eine Wirtschaftstätigkeit gilt somit nur dann als ökologisch nachhaltig, wenn allen Kriterien gleichzeitig entsprochen wird (Europäisches Parlament und Rat der EU 2020).

Wen betrifft die EU-Taxonomie?

Die Taxonomie stellt drei Fälle dar, bei denen eine direkte Verpflichtung zur Umsetzung der Verordnung besteht, welche in Tabelle 1 dargestellt werden.

	Artikel 1, Absatz 2:	Anwendung geregelt in:
1	Von den Mitgliedstaaten oder der Union verabschiedete Maßnahmen zur Festlegung von Anforderungen an Finanzmarktteilnehmer oder Emittenten im Zusammenhang mit Finanzprodukten oder Unternehmensanleihen, die als ökologisch nachhaltig bereitgestellt werden.	Artikel 4
2	Finanzmarktteilnehmer, die Finanzprodukte bereitstellen.	Artikel 5–7
3	Unternehmen, für die die Verpflichtung gilt, eine nichtfinanzielle Erklärung oder eine konsolidierte nichtfinanzielle Erklärung nach Artikel 19a bzw. 29a der Richtlinie 2013/34/EU des Europäischen Parlaments und des Rates zu veröffentlichen.	Artikel 8

Tabelle 1: Übersicht Geltungsbereich der Taxonomie (Quelle: eigene Darstellung; adaptiert von Europäisches Parlament und Rat der EU (2020))

Umweltziele der EU-Taxonomie

Insgesamt finden sich sechs Umweltziele in der Taxonomie wieder (siehe Artikel 9 der Verordnung), welche in Tabelle 2 dargestellt sind. Die Artikel 10 bis 15 der Verordnung stellen explizit dar, wie ein wesentlicher Beitrag zur Erreichung des jeweiligen Umweltziels aussehen muss, damit das erste Kriterium für die Klassifizierung ökologisch nachhaltiger Wirtschaftsaktivitäten erfüllt werden kann (Europäisches Parlament und Rat der EU 2020). Im Folgenden wird auf die sechs Umweltziele näher eingegangen und aufgezeigt, wie ein wesentlicher Beitrag zur Erreichung des jeweiligen Ziels konkret definiert wird.

2022	2023
1) Klimaschutz 2) Klimawandelanpassung	3) Nutzung von Wasserressourcen 4) Kreislaufwirtschaft 5) Verschmutzungsvermeidung 6) Ökosysteme und Biodiversität

Tabelle 2: Umweltziele und Inkrafttreten der Berichtspflicht (Quelle: eigene Darstellung, adaptiert von EU TEG (2020))

- **Klimaschutz (Artikel 10)**

Die Taxonomie klassifiziert eine Wirtschaftsaktivität einerseits als dem Klimaschutz dienlich, wenn selbige einen wesentlichen Beitrag zur Vermeidung oder Reduzierung von Treibhausgasemissionen herbeiführt (im Einklang mit dem Pariser Klimaabkommen) oder eine Speicherung von Treibhausgasen verstärkt. Dies kann auf verschiedenen Wegen erreicht werden, die darauf abzielen, alte Strukturen abzubauen, effizienter zu gestalten oder neue Strukturen zu schaffen, wobei auch Innovationen von Prozessen oder Produkten im Verordnungstext explizit eingeschlossen werden. Im Energiesektor kann dies beispielsweise durch die Erschließung und Nutzbarmachung erneuerbarer Energien, der Steigerung der Energieeffizienz oder durch Aktivitäten zur Dekarbonisierung der Energiesysteme geschehen. Außerdem ergibt sich eine klimaschutzdienliche Wirkung durch die Nutzung erneuerbarer Materialien aus nachhaltigem Ursprung, oder durch die Erzeugung von „sauberen" Kraftstoffen. Artikel 10 der Taxonomie gibt vielfältige Impulse, wie ein wesentlicher Beitrag zum Klimaschutz erreicht werden kann.

Zudem wird einer wirtschaftlichen Aktivität ein wesentlicher Beitrag zum Klimaschutz zugeschrieben, wenn aktuell noch keine technologisch und wirtschaftlich durchführbare CO_2-arme Alternative vorhanden ist, die Wirtschaftsaktivität dennoch den Wandel zu einer klimaneutralen Wirtschaft begünstigt und dem Weg zum Pariser Klimaabkommen von maximal 1,5 °C Temperaturanstieg (im Vergleich zu vorindustriellen Zeiten) gerecht werden kann, durch beispielsweise schrittweise Reduzierungen der Treibhausgasemissionen. Derartige Wirtschaftsaktivitäten müssen zudem (1) Emissionswerte für Treibhausgase aufweisen, die den besten Leistungen des Sektors entsprechen, (2) sicherstellen, dass die Weiterentwicklung und Einführung CO_2-ärmerer Technologien nicht negativ beeinträchtigt wird und (3) unter Berücksichtigung der wirtschaftlichen Lebensdauer CO_2-intensiver Vermögenswerte keine Lock-in-Effekte resultieren.

Eine Beeinträchtigung dieses Umweltziels ist laut Taxonomie gegeben, wenn bei der Ausübung einer Wirtschaftstätigkeit erhebliche Treibhausemissionen erzeugt werden (Europäisches Parlament und Rat der EU 2020).

- **Anpassung an den Klimawandel (Artikel 11)**

In Zeiten des voranschreitenden Klimawandels umfasst die EU-Taxonomie gleich zwei Umweltziele, die sich auf das Klima beziehen. Somit definiert die Taxonomie neben dem Klimaschutz auch die Anpassung an den Klimawandel.

Eine entsprechende Anpassungslösung findet gemäß EU-Taxonomie statt, wenn das Risiko einer nachteiligen Auswirkung des gegenwärtigen oder künftig prognostizierten Klimas auf die Wirtschaftstätigkeit oder die nachteiligen Auswirkungen erheblich verringert werden. Gleichzeitig darf jedoch nicht das Risiko nachteiliger Auswirkungen auf Menschen, Natur oder Vermögenswerte durch die Wirtschaftsaktivität erhöht werden. Zudem wird eine Wirtschaftsaktivität diesem Umweltziel als dienlich definiert, die eine Anpassungslösung darstellt, welche Artikel 16 (ermöglichende Tätigkeiten) zusätzlich unterstützt und dazu beiträgt die Risiken nachteiliger Effekte des heutigen und zukünftig prognostizierten Klimas auf Menschen, Natur oder Vermögenswerte zu vermeiden. Auch bei diesen Wirtschaftsaktivitäten darf das Risiko anderweitiger nachteiliger Auswirkungen auf Menschen, Natur oder Vermögenswerte durch die Wirtschaftsaktivität nicht erhöht werden.

Entsprechende Anpassungslösungen, die nachteilige Auswirkungen des Klimawandels auf Wirtschaftsaktivitäten erheblich verringern, werden bewertet und nach Prioritäten auf Grundlage aktuellster Klimaprognosen gereiht. Dabei müssen besagte Anpassungslösungen (1) nachteilige Auswirkungen des Klimawandels standort- und kontextspezifisch und (2) nachteilige Auswirkungen des Klimawandels auf die Umwelt, in der die Wirtschaftsaktivität stattfindet, mindestens verringern oder gänzlich vermeiden.

- **Nachhaltige Nutzung und Schutz von Wasser- und Meeresressourcen (Artikel 12)**

Im Zuge zunehmender Wasserknappheit und der Belastung von Wasser- und Meeresressourcen durch wirtschaftliche Tätigkeiten lenkt die EU-Taxonomie den Fokus auf eine nachhaltige Nutzung und den Schutz entsprechender Ressourcen. Dies ist ein wichtiger Schritt, da noch nicht alle Firmen das Thema Wasser, dessen nachhaltige Nutzung und wirtschaftlich resultierende Wechselwirkungen in der Unternehmensführung und Berichterstattung vollständig berücksichtigen, was verschiedene Risiken bergen kann (Morris et al. 2023).

Diesem Umweltziel dienlich sind laut der Taxonomie Wirtschaftstätigkeiten, die (1) wesentlich dazu beitragen einen guten Zustand von Gewässern zu erreichen, (2) eine Verschlechterung von gesunden Gewässern vermeiden oder (3) dazu beitragen einen guten Zustand von Meeresgewässern zu erreichen oder beizubehalten.

Die Erreichung dieser Unterziele lässt sich auf verschiedenen Wegen realisieren. Indem Gewässer vor Kontaminierung geschützt werden (beispielsweise Abwasserbehandlung) und eine nachhaltige Nutzung maritimer Ökosysteme sichergestellt wird, kann der gute Zustand von Gewässern beispielsweise bewahrt und gesichert werden. Ebenso trägt eine Verbesserung der Wasserbewirtschaftung und Wassereffizienz zu einem erheblichen Beitrag bei der Erreichung dieses Umweltziel bei. Zudem ist für dieses Umweltziel nicht ausschließlich das Gewässer als solches relevant, sondern auch das Sicherstellen der Gesundheit jener Personen, die ein Gewässer nutzen. So trägt eine Wirtschaftsaktivität zur Erreichung dieses Umweltziels bei, wenn die menschliche Gesundheit vor nachteiligen Auswirkungen verunreinigter Wasserressourcen geschützt wird, was zum Beispiel durch die Bereitstellung von sauberem Trinkwasser für alle Personengruppen der Gesellschaft erreicht werden kann.

Die Taxonomie beschreibt ebenfalls, wann eine erhebliche Beeinträchtigung dieses Umweltziels zustande kommt. Dies ist der Fall, wenn der gute Zustand oder das ökologische Potenzial von Gewässern (inklusive Meeresgewässern) durch eine Wirtschaftsaktivität geschädigt wird (Europäisches Parlament und Rat der EU 2020).

- **Übergang zu einer Kreislaufwirtschaft (Artikel 13)**

Das Konzept der Kreislaufwirtschaft ist die Antwort auf eine wachsende Umweltbelastung durch das aktuell vorherrschende lineare Wirtschaftsparadigma, im Sinne des Take-make-waste-Ansatzes (Rohstoffentnahme-Produktherstellung-Abfallerzeugung). Beim Erstellen der EU-Taxonomie wurde diese Problematik und die Relevanz adäquater Lösungen behandelt sowie Voraussetzungen definiert, damit eine Wirtschaftstätigkeit einen wesentlichen Beitrag zu einer Kreislaufwirtschaft (einschließlich Abfallvermeidung) leistet.

Die Erreichung dieses Umweltziels ist in der Taxonomieverordnung ausführlich mit elf verschiedenen Aspekten dargestellt, die einen wesentlichen Beitrag zur Kreislaufwirtschaft leisten können. Unter anderem wird ein wesentlicher Beitrag zum Übergang zur Kreislaufwirtschaft erreicht (1) durch eine effiziente Nutzung natürlicher Ressourcen, (2) durch Verbesserungen der Haltbarkeit, Reparierfähigkeit oder Wiederverwendbarkeit von Produkten, (3) durch Förderung der Recyclingfähigkeit von Produkten und enthaltener Materialien sowie (4) der Verringerung und Vermeidung von Abfallerzeugung.

- **Vermeidung und Verminderung der Umweltverschmutzung (Artikel 14)**

Wirtschaftstätigkeiten, die einen wesentlichen Beitrag zur Erreichung dieses Ziels leisten, tragen aktiv zum Schutz vor Umweltverschmutzung bei. Aktivitäten, durch die dieser Schutz sichergestellt wird, sind laut Taxonomie Tätigkeiten, (1) die Emissionen (ausgenommen Treibhausgase) in Luft, Wasser und Boden verringern (sofern nicht gänzlich vermeidbar) oder vermeiden, (2) die die Qualität von Luft, Boden oder Wasser in den Gebieten, in der die Wirtschaftstätigkeit stattfindet, verbessern und gleichzeitig negative Auswirkungen auf die menschliche Gesundheit und Umwelt minimieren sowie (3) Wirtschaftsaktivitäten, die nachteilige Auswirkungen bei der Herstellung, Verwendung oder Beseitigung von Chemikalien auf die menschliche Gesundheit und Umwelt vermeiden oder minimieren, oder (4) Abfälle und sonstige Schadstoffe beseitigen.

- **Schutz und Wiederherstellung der biologischen Vielfalt und der Ökosysteme (Artikel 15)**

Ein wesentlicher Beitrag zur Erreichung dieses Umweltziels ist gegeben, wenn die Wirtschaftsaktivität dazu beiträgt (1) Biodiversität zu schützen, zu erhalten, oder wiederherzustellen, oder (2) hilft einen guten Zustand von Ökosystemen zu erreichen, oder (3) dazu beiträgt Ökosysteme, die bereits in gutem Zustand sind, zu erhalten.

Hierbei handelt es sich um Aktivitäten, die (1) dazu beitragen Biodiversität zu erhalten und eine Verschlechterung zu vermeiden, (2) Landbewirtschaftung und -nutzung nachhaltig gestalten, (3) nachhaltige Verfahren in der Landwirtschaft etablieren oder (4) nachhaltige Methoden der Waldbewirtschaftung verwenden. Die Bestrebung dieses Umweltziels ist es, die biologische Vielfalt trotz menschlicher Wirtschaftsaktivitäten zu schützen und so den Verlust von Lebensräumen aufzuhalten, was im Sinne der EU Biodiversitätsstrategie ist (Europäische Kommission 2020b).

Technische Bewertungskriterien der EU-Taxonomie

Die dargestellten Umweltziele der EU-Taxonomie und die wesentlichen Beiträge zur Erreichung dieser, können nicht durch den Verordnungstext allein für die verschiedenen Wirtschaftszweige transparent klassifiziert werden. Deshalb sieht die EU-Taxonomie vor, dass zusätzlich technische Bewertungskriterien zur Evaluation wesentlicher Beiträge zum Erreichen der Umweltziele, aber auch zur Bewertung potenziell adverser Effekte gegenüber den verbleibenden Taxonomie-Umweltzielen erstellt werden, worauf nun vertiefend eingegangen wird.

Für welche Sektoren ist die EU-Taxonomie bislang relevant?

Die technischen Bewertungskriterien zur Umsetzung der EU-Taxonomie richten sich derzeit an die für die Umwelt relevantesten Wirtschaftssektoren, welche einen signifikanten Emissionsfußabdruck aufweisen, wodurch ökologisch nachhaltige Wirtschaftsaktivitäten einen erheblichen Beitrag zum Erreichen der Umweltziele leisten können (EU TEG 2020). Die Unterteilung der Sektoren erfolgt auf der Grundlage der Klassifizierung gemäß NACE (Statistische Systematik der Wirtschaftszweige in der Europäischen Gemeinschaft), welches sektorale Wirtschaftsaktivitäten über Landesgrenzen hinaus vergleichbar macht (EU TEG 2020). Ein Auszug der Sektoren und die damit verbundenen Scope 1 Emissionen (direkte Treibhausgasemissionen, die aus Quellen stammen, die sich innerhalb der Kontrolle des Unternehmens befinden) in Tonnen CO_2-Equivalenten ist in Tabelle 3 dargestellt.

NACE-Wirtschaftssektor	Direktemissionen (Scope 1) in Tonnen CO_2-Equivalenten (2018)
Elektrizität, Gas, Dampf und Klimaanlagen	1.021.327.916,14
Fertigung	836.131.368,27
Transport und Lagerung	543.990.599,69
Land-, Forstwirtschaft und Fischerei	526.387.217,14
Wasserversorgung, Kanalisation und Abfallwirtschaft	161.962.114,37

Tabelle 3: Auszug NACE-Sektoren und verbundene Scope 1 CO_2-Equivalente (in Tonnen; Quelle: adaptiert von EU TEG (2020))

Allerdings ist anzumerken, dass nicht alle Wirtschaftsaktivitäten, die für das Erreichen der Taxonomie-Umweltziele relevant sind, im NACE-System eingeschlossen sind und somit der Bedarf entsteht auch die NACE-Klassifizierung in Zukunft zu überarbeiten (EU TEG 2020). In künftigen Iterationen der Taxonomie und der damit verbundenen Weiterentwicklung der technischen Bewertungskriterien ist davon auszugehen, dass sukzessive weitere Sektoren Berücksichtigung finden. Aus diesem Grund empfiehlt die EU TEG bereits jetzt, dass Unternehmen, selbst wenn ihre Wirtschaftsaktivitäten aktuell noch nicht von der Taxonomieverordnung oder den Bewertungskriterien erfasst werden und betroffen sind, frühzeitig beginnen sollten ihre wirtschaftlichen Aktivitäten anhand der Taxonomie auszurichten (EU TEG 2020).

Wie werden Wirtschaftsaktivitäten bezüglich ihres Beitrags zu einem Umweltziel bewertet?

Die Taxonomieverordnung schafft die Rechtsgrundlage, um die EU-Taxonomie umzusetzen und verschriftlicht entsprechende Anforderungen an die technischen Bewertungskriterien (Artikel 19). Somit legt die Verordnung der EU-Taxonomie den Rahmen für die sechs Umweltziele sowie den Geltungsbereich und verbundene Verpflichtungen fest (EU TEG 2020). Konkrete Bewertungskriterien, um zu garantieren, dass die Erreichung der jeweiligen Umweltziele transparent und über alle EU-Mitgliedsstaaten gleichermaßen erfolgen kann, sind in der Verordnung der EU-Taxonomie noch nicht enthalten (Europäisches Parlament und Rat der EU 2020).

Aufbauend auf der Taxonomieverordnung werden deshalb delegierte Rechtsakte verabschiedet, welche sicherstellen sollen, dass zukünftig ökologisch nachhaltige Wirtschaftsaktivitäten transparent klassifiziert werden und somit Anreize für nachhaltige Finanzflüsse geschaffen werden. Die Entwicklung dieser technischen Bewertungskriterien erfolgt laut Verordnung durch die technische Expertengruppe für Nachhaltige Finanzen (TEG) der EU, welche aus 35 Vertretern der Zivilgesellschaft, Wirtschaft, Forschung und dem Finanzsektor besteht und bereits 2018 ihre Arbeit aufnahm (Europäische Kommission 2020d).

2020 veröffentlichte die TEG einen ersten Bericht, welcher Empfehlungen für Bewertungskriterien für die ersten beiden Umweltziele (Klimaschutz und Anpassung an den Klimawandel) sowie methodische Empfehlungen zur Umsetzung enthielt. Konkret wurden 70 Kriterien für das Umweltziel Klimaschutz, 68 Kriterien für das Ziel Anpassung an den Klimawandel sowie weitere Kriterien, um sicherzustellen, dass keine wesentliche negative Beeinträchtigung für das Erreichen der anderen Umweltziele entstehen, vorgestellt (EU TEG 2020). Im April 2023 veröffentlicht die TEG einen Vorschlag für technische Bewertungskriterien der Umweltziele drei bis sechs, welcher bis Anfang Mai 2023 zum öffentlichen Feedback offenstand, um verschiedene Perspektiven betroffener Stakeholder in den finalen Empfehlungen zu den Bewertungskriterien zu berücksichtigen (Europäische Kommission 2023).

Nachdem die TEG Vorschläge zu technischen Bewertungskriterien der verschiedenen Umweltziele liefert und zur öffentlichen Begutachtung zur Verfügung stellt, erfolgt die Erstellung, Verabschiedung und Veröffentlichung der finalen Bewertungskriterien über delegierte Rechtsakte der Europäischen Kommission, die der Taxonomieverordnung zugeschaltet werden (EU TEG 2020). Für die Umweltziele Klimaschutz und Anpassung an den Klimawandel hat die Europäische Kommission 2021 beispielsweise eine delegierte Verordnung (2021/2139) erlassen, welche technische Bewertungskriterien für Wirtschaftsaktivitäten auslegt, die einen wesentlichen Beitrag für diese Umweltziele leisten. Außerdem zeigt der delegierte Rechtsakt gleichzeitig auf, wie bestimmt werden kann ob eine Wirtschaftsaktivität, welche zwar einen wesentlichen Beitrag zum Klimaschutz oder zur Anpassung an den Klimawandel leistet, eine erhebliche Beeinträchtigung zur Erreichung eines der anderen Umweltziele darstellt (Europäische Kommission 2021).

Technische Bewertungskriterien: wesentlicher Beitrag zum Klimaschutz

Im Anhang des delegierten Rechtsakts 2021/2139 finden sich die Bewertungskriterien zur Klassifizierung eines wesentlichen Beitrags einer Wirtschaftsaktivität sowohl für das Umweltziel des Klimaschutzes als auch für die Anpassung an den Klimawandel auf über 300 Seiten (Europäische Kommission 2021).

Für das Umweltziel Klimaschutz stellt der delegierte Akt Bewertungskriterien für insgesamt neun Wirtschaftsbereiche dar: (1) Forstwirtschaft, (2) Tätigkeiten in den Bereichen Umweltschutz und Wiederherstellung, (3) Verarbeitendes Gewerbe, (4) Energie, (5) Wasserversorgung, Abwasser- und Abfallentsorgung und Beseitigung von Umweltverschmutzungen, (6) Verkehr, (7) Baugewerbe und Immobilien, (8) Information und Kommunikation und (9) Erbringung von freiberuflichen, wissenschaftlichen und technischen Dienstleistungen. In den neun Wirtschaftsbereichen finden sich jeweils verschiedene Wirtschaftstätigkeiten wieder, welchen nachfolgend technische Bewertungskriterien zugeschaltet werden.

So erfolgt zunächst immer eine Beschreibung der wirtschaftlichen Tätigkeit sowie die Zuordnung zugehöriger NACE-Codes, um ein einheitliches Verständnis für die Aktivitäten zu schaffen. Danach werden die technischen Bewertungskriterien dargestellt, wobei das Vorgehen nicht für alle Wirtschaftsbereiche einheitlich abläuft. Für die Forstwirtschaft schließt sich beispielsweise nach der Tätigkeitsbeschreibung ein Bewertungsschema an, wofür zunächst ein Bewirtschaftungsplan oder vergleichbares Instrument benötigt wird. Darauf folgen eine Analyse des Klimanutzens und anschließend die Prüfung der Dauerhaftigkeit des Klimaschutzeffekts aus der Wirtschaftstätigkeit. Außerdem muss für alle forstwirtschaftlichen Aktivitäten dargelegt werden, wie die Erfüllung des Umweltziels regelmäßig überprüft werden soll. Abschließend erfolgt eine Gruppenbewertung, in der auch geprüft wird, ob die jeweilige Wirtschaftsaktivität keine erhebliche Beeinflussung für die Erreichung der verbleibenden Taxonomie-Umweltziele darstellt (Europäische Kommission 2021). In anderen Wirtschaftsbereichen erfolgt die Darstellung der technischen Bewertungskriterien weniger ausführlich oder einheitlich. Im Energiebereich ergeben sich Tätigkeiten im Bereich der Energiegewinnung aus erneuerbaren Quellen, wie beispielsweise der Sonnenenergie, schon aus der Tätigkeitsbeschreibung eine ökologisch nachhaltige Handlung, wodurch weitere Bewertungskriterien entfallen. Da allerdings auch Energie aus Kernkraft unter strengen Beschränkungen laut Taxonomieverordnung als ökologisch nachhaltige Tätigkeit zählen kann, ergeben sich für diese Wirtschaftstätigkeiten komplexe Bewertungskriterien (siehe Punkte 4.26-4.28 im delegierten Akt 2021/2139).

Welche Sanktionen greifen bei Verstößen? (Artikel 22)

Die Festlegung der Maßnahmen und Sanktionen im Falle von Verstößen gegen die Artikel 5, 6 und 7 obliegt den Mitgliedstaaten. Dabei müssen die von ihnen vorgesehenen Maßnahmen und Sanktionen wirksam sein, in einem angemessenen Verhältnis zu den Verstößen stehen und abschreckend wirken (Europäisches Parlament und Rat der EU 2020).

EU-Taxonomie in der Praxis

Die EU-Taxonomie definiert drei Anwendungsbereiche (siehe Tabelle 1). Im Folgenden wird auf die praktische Durchsetzung der EU-Taxonomie für betroffene Finanzmarktteilnehmer sowie Unternehmen, die zur nicht-finanziellen Berichterstattung verpflichtet sind, eingegangen.

- **Finanzmarktteilnehmer, die Finanzprodukte in der EU anbieten, einschließlich betrieblicher Altersversorgung**

In Bezug auf die EU-Taxonomie müssen Finanzmarktteilnehmer laut Artikel 5–7 EU-Taxonomie detaillierte Angaben machen, um die Nachhaltigkeit ihrer Produkte und Angebote zu bestimmen und zu bewerten, wobei es bestimmte Arten von Produkten und Angeboten gibt, für die die Angaben verpflichtend sind und für alle anderen die Darstellung auf der Grundlage „comply-or-explain“ erfolgt (EU TEG 2020, S. 37).

Betroffene Finanzmarktteilnehmer sind verpflichtet darzulegen, in welchem Umfang und auf welche Weise sie die Taxonomie zur Bestimmung der Nachhaltigkeit ihrer Produkte und Angebote nutzen und zu welchem Umweltziel das jeweilige Produkt oder Angebot beiträgt. Zusätzlich dazu müssen sie offenlegen, welcher prozentuale Anteil des Produkts oder Angebots nach den Kriterien der Taxonomie ausgerichtet ist. Diese Angaben ermöglichen eine klare Einschätzung des Beitrags zur Erreichung der Taxonomieumweltziele.

Die Offenlegung der für die EU-Taxonomie-Konformität relevanten Angaben erfolgt im Rahmen bestehender vorvertraglicher und regelmäßiger Offenlegungspflichten (EU TEG 2020, S. 37).

- **Unternehmen, die bereits verpflichtet sind, eine nicht-finanzielle Erklärung gemäß der Richtlinie zur nicht-finanziellen Berichterstattung abzugeben**

Die EU-Taxonomieverordnung bringt erweiterte Offenlegungspflichten für Unternehmen mit sich, die gemäß der Richtlinie über die Angabe nicht-finanzieller Informationen (NFRD) bereits zur Erstellung einer nicht-finanziellen Erklärung verpflichtet sind. Die NFRD deckt große Unternehmen öffentlichen Interesses mit mehr als 500 Mitarbeitern ab, darunter börsennotierte Unternehmen, Banken und Versicherungen. Diese Unternehmen sind nun verpflichtet zu berichten, inwieweit ihre Wirtschaftstätigkeiten mit den Kriterien der EU-Taxonomie übereinstimmen, wobei eine Unterscheidung zwischen Finanz- und Nicht-Finanzunternehmen getroffen wird. Für Nicht-Finanzunternehmen umfasst die verpflichtende Offenlegung den Anteil des Umsatzes, der an der Taxonomie ausgerichtet ist, sowie die Höhe der Investitionsaufwendungen (sogenannte capex), die taxonomiekonform sind, und gegebenenfalls den Anteil der Betriebskosten (sogenannte opex), die den Anforderungen der Taxonomie entsprechen. Diese erweiterten Offenlegungspflichten sollen Transparenz schaffen und eine einheitliche Bewertung der Nachhaltigkeitsbemühungen von Unternehmen ermöglichen (EU TEG 2020, S. 26).

EU-Taxonomie auf einen Blick

Als zentraler Baustein des Green Deals stellt die EU-Taxonomie ein Rahmenwerk zur Klassifizierung von nachhaltigen Wirtschaftsaktivitäten dar. Diese Klassifizierung soll ermöglichen, den Grad der ökologischen Nachhaltigkeit einer Investition oder eines Finanzproduktes oder -angebots zu ermitteln. Ziel ist es, Kapitalflüsse in nachhaltige Wirtschaftsaktivitäten zu lenken, um so die Erreichung des Europäischen Green Deals zu unterstützen (Europäische Kommission 2019). Ebenso geht mit der Taxonomie eine Veränderung der zuvor aktiven Offenlegungsverordnung einher (EU TEG 2020), wodurch bestehende Informationsasymmetrien zwischen Finanzanbietern und Konsumenten abgebaut werden sollen.

Aktuelle Forschung zur Relevanz und Wirkung der EU-Taxonomie umfasst sowohl Zuspruch sowie Kritik. Pacces (2021) untersuchte beispielsweise das Potenzial der EU-Taxonomie bei der Etablierung einer nachhaltigen Unternehmensführung (Corporate Governance). Der Autor kommt zu dem Schluss, dass die EU-Taxonomie geeignete Anreize schafft, um die Berücksichtigung von Nachhaltigkeitsaspekten in der Unternehmensführung zu verstärken, da die Taxonomie einerseits Greenwashing reduzieren kann, andererseits Anlegern wichtige Informationen zur Nachhaltigkeit von Investitionen bietet und somit den Wettbewerb um nachhaltigkeitsbewusste Anleger bei institutionellen Investoren verstärkt. Zudem kann staatliche Regulierung Novellierungen im führungsunterstützenden Controlling anstoßen und so die betriebliche Unternehmensführung beeinflussen (Freidank & Sassen 2022), wie bereits in der verschärften nicht-finanziellen Berichterstattung unter der Corporate-Sustainability-Directive (CSRD) zu beobachten war (Sassen et al. 2018). Ähnliche Effekte könnten auch aus der Implementation der EU-Taxonomie resultieren, wobei eine vollumfängliche Umsetzung der Taxonomie erfolgen muss, um eine umfassende Untersuchung durchzuführen. Dusík und Bond (2022) stellen dar, dass eine Verknüpfung der EU-Taxonomie mit bereits bestehenden, verpflichtenden Instrumenten der Umweltverträglichkeitsprüfung (Environmental Impact Assessments) dazu führen könnte, dass bestehende Umweltverträglichkeitsprüfungen in ihrer Wirkweise verbessert werden und gleichzeitig der Kapazitätsbedarf zur erfolgreichen Umsetzung der Taxonomieverordnung möglichst geringgehalten werden kann, da keine neuen Instrumente zur praktischen Umsetzung benötigt würden.

Die Taxonomie bleibt jedoch, wie auch der Green Deal, nicht von Kritik unberührt. So wird angeführt, dass die Realisierung aus wirtschaftlicher und ökologischer Sicht eine nachteilige Wirkung entfalten könnte, wenn durch die Regulierung beispielsweise die Treibhausgasemissionen außerhalb der EU aufgrund der engmaschig geregelten Bewertungskriterien für ökologisch nachhaltige Wirtschaftsaktivitäten innerhalb der EU, welche eine Auslagerung derartiger Aktivitäten ins Ausland zur Folge haben könnte, steigen (Fuest & Meier 2022). Außerdem hatte der Einschluss von nuklearer Energie und Erdgas als Beitrag zur Erreichung der Dekarbonisierung des europäischen Wirtschaftsraumes gemäß des delegierten Rechtsakts zur EU-Taxonomie (Europäische Kommission 2022) einen Aufschrei in der Gesellschaft zur Folge.

Zusammenfassend ist zu sagen, dass die EU-Taxonomie ein unterstützendes Instrument zur Erreichung des Green Deals ist und wichtige Impulse liefert, um das im europäischen Wirtschaftsraum derzeit vorherrschende lineare Wirtschaftsparadigma zu beenden und eine nachhaltigere Zukunft einzuläuten. Da aktuell noch nicht alle technischen Bewertungskriterien zu allen Umweltzielen der Taxonomie fertiggestellt sind, ist auch noch nicht abschließend zu bewerten, ob die EU-Taxonomie ihren Zielen vollends gerecht wird. Sicher ist, dass es sich bei der EU-Taxonomie um einen wichtigen Schritt in eine nachhaltige Zukunft handelt, der den Fokus auf privatwirtschaftliche Kapitalströme lenkt und somit die Finanzwende nicht nur von öffentlicher Hand ausgehend induziert. Inwiefern die Umsetzung und Prüfung der Taxonomiekonformität zukünftig einen abbildbaren Verwaltungsaufwand darstellt oder nicht, wird sich mit der umfassenden Implementierung und Berichterstattung schrittweise zeigen. Es ist jedoch auch wichtig zu unterstreichen, dass die Version der EU-Taxonomie, die in diesem Kapitel beschrieben wurde, nicht die letzte Version sein wird. Deshalb ist eine kritische Auseinandersetzung mit der Thematik sowohl in der Praxis als auch in der Forschung notwendig, um fortlaufend Verbesserungspotenziale zu identifizieren und einzubinden.

Kapitel 3: Erste Schritte zur Implementierung eines Nachhaltigkeitsmanagements: Strategien und Prozesse

von Marlen Gabriele Arnold

Die nachhaltige Entwicklung ist ein integrierter Bestandteil globaler, nationaler und regionaler Aktivitäten. Das zeigt sich zum einen in der Agenda 2030 mit ihren 17 Sustainable Development Goals (SDGs), dem European Green Deal, der EU-Taxonomie, der EU-Vergaberichtlinien und GPA (Agreement on Government Procurement), dem Gesetz über die unternehmerischen Sorgfaltspflichten in Lieferketten, dem Kreislaufwirtschaftsgesetz (KrWG) und der neu umzusetzenden Corporate Sustainability Reporting Directive (CSRD) und vielen weiteren Normen sowie Vorschriften.

Die Implementierung eines effektiven Nachhaltigkeitsmanagements ist ein entscheidender Schritt für Unternehmen, um ihre ökologischen und sozialen Auswirkungen zu reduzieren und langfristig erfolgreich zu sein. Stancu-Minasian et al. (2018) betonen die Bedeutung einer klaren Nachhaltigkeitsstrategie und deren Integration in die unternehmerische Entscheidungsfindung, um einen nachhaltigen Wandel im Unternehmen zu fördern. Nachhaltigkeitserfolge lassen sich mit und ohne Nachhaltigkeitsmanagement realisieren – zugleich ermöglicht die Etablierung eines Nachhaltigkeitsmanagementsystems eine strukturierte Herangehensweise an Nachhaltigkeit. Standardisierte System durchlaufen in der Regel die folgenden Prozesse: die Identifizierung von Zielen und Leistungsindikatoren, die regelmäßige Überwachung der Fortschritte und die kontinuierliche Verbesserung der Nachhaltigkeitsleistung. Doch um dorthin zu kommen, ist zunächst eine Bestandsaufnahme der bereits vorhandenen Nachhaltigkeitsaktivitäten notwendig. Der erste Schritt in Richtung Nachhaltigkeit ist Transparenz über die eigenen unternehmerischen Umweltauswirkungen, soziale Praktiken und wirtschaftlichen Aspekte des Unternehmens – sei es zur Erfüllung gesetzlicher Vorgaben, sei es zur proaktiven Verbesserung der eigenen unternehmerischen Nachhaltigkeitsleistung.

Bestandaufnahme der existierenden Nachhaltigkeitsaktivitäten

Es gibt viele organisationale Gründe, sich verstärkt mit dem Themenfeld der Nachhaltigkeit auseinander zu setzen – seien es verstärkte Kunden- und Kundeninnenwünsche, gesetzliche Vorgaben, Druck von NGOs oder Kooperationspartnern entlang der Lieferkette oder gar die eigene unternehmerische Überzeugung (Gansel & Luttermann 2020). Große Unternehmen unterliegen in der Regel Regulierungen hinsichtlich Berichterstattung über nichtfinanzielle Informationen, Klima und Kohlenstoffreduktion, Lieferkettenmanagement, Finanzmarktregulierung und Sozial- und Arbeitsrechtsvorschriften sowie spezifischen Verboten von umweltschädlichen Praktiken, wie Einsatz bestimmter Chemikalien, Abholzung von geschützten Gebieten oder Verschmutzung von Gewässern. In Deutschland gilt die Nachhaltigkeitsberichterstattung bzw. CSR-Richtlinie. Als EU-Richtlinie zur Offenlegung nichtfinanzieller Informationen müssen große kapitalmarktorientierte Unternehmen sowie Kreditinstitute, Versicherungsunternehmen und bestimmte Versorgungsunternehmen nichtfinanzielle Informationen, einschließlich Umwelt-, Sozial- und Arbeitnehmerbelange, Menschenrechte und Korruptionsbekämpfung, in ihren Lageberichten offenlegen. Zudem greift das Klimaschutzgesetz, in dem verbindliche Ziele zur Reduzierung der Treibhausgasemissionen festgelegt sind. Es sieht vor, dass Deutschland ab dem Jahr 2050 negative Treibhausgasemissionen erreichen soll und bestimmte Zwischenziele erreicht werden müssen (§ 3 Nationale Klimaschutzziele, KSG).

- **Gesetzliche Vorgaben**

Große Unternehmen in emissionsintensiven Branchen unterliegen dem Europäischen Emissionshandelssystem (EU ETS). Weiterhin greift das Kreislaufwirtschaftsgesetz, um Ressourceneffizienz zu fördern, Abfall zu reduzieren und Recycling zu verbessern. Es enthält Vorschriften für Abfallvermeidung, -trennung und -verwertung sowie für erweiterte Herstellerverantwortung. Ab 2023 greift auch das Gesetz über unternehmerische Sorgfaltspflichten in Lieferketten (Lieferkettensorgfaltspflichtengesetz, LkSG). Es verpflichtet große Unternehmen dazu, ihre Lieferketten auf Nachhaltigkeitsrisiken, insbesondere in Bezug auf Menschenrechtsverletzungen und Umweltauswirkungen, zu überprüfen und entsprechende Maßnahmen zu ergreifen. Diese Gesetze haben zugleich eine gewisse Ausstrahlkraft auf mittelständische und kleine Unternehmen oder entfalten diese in den kommenden Jahren, sodass eine systematische Erfassung der Nachhaltigkeitsleistung in allen Unternehmensgrößen sinnstiftend ist.

- **Nachhaltigkeitsthemen**

Die Vielfalt der Vorschriften repräsentiert nur einen kleinen Ausschnitt der Vielfalt an Nachhaltigkeitsthemen und -feldern. Nachhaltigkeit und Nachhaltigkeitsleistung lässt sich durch verschiedene Perspektiven erfassen – zum Beispiel als Dienstleistungen natürlicher Ökosysteme, wie Wälder, Gewässer, Küsten, Wiesen, Ozeane, oder Funktionsdienstleistungen wie in den Planetaren Grenzen abgebildet, Artenvielfalt, Klimasystem, Eintrag neuartiger Stoffe etc. Nachhaltigkeitsaktivitäten lassen sich auch thematisch abbilden, wie Investitionen in Erneuerbare Energien, also Förderung und Nutzung von Energiequellen wie Sonne, Wind, Wasser und Geothermie, um den Einsatz fossiler Brennstoffe zu reduzieren und die Klimaerhitzung zu bekämpfen. Investitionen in Energieeffizienz, also Maßnahmen zur Reduzierung des Energieverbrauchs in Gebäuden, Produktion und Transport, oder in die Kreislaufwirtschaft zur Reduktion von Abfall und Ressourcen mittels 9R-Konzepten und einer nachhaltigen Beschaffung, gehören auch dazu. Weitere Themen lassen sich beispielsweise über die 17 SDGs der Agenda 2030 abbilden. Dazu gehören unter anderem Soziale Gerechtigkeit und Armutsbekämpfung, um eine gerechte Verteilung von Ressourcen, Zugang zu Bildung, Gesundheitsversorgung und menschenwürdiger Arbeit zu fördern oder die Sensibilisierung für einen bewussten und nachhaltigen Konsum, Förderung von nachhaltigen Produkten, ethischem Handel und Vermeidung von Überkonsum.

- **Kennzahlen und Indikatoren**

Fangen Unternehmen an, sich mit dem großen Feld einer nachhaltigen Entwicklung zu beschäftigen, stoßen sie auch auf eine Vielfalt an Indikatoren. Dazu gehören unter anderem (1) CO_2-Emissionen (Menge an Kohlendioxid, die von unternehmerischen Aktivitäten freigesetzt wird), (2) Anteil erneuerbarer Energien (Prozentsatz der Energie aus erneuerbaren Quellen), (3) Artenvielfalt (Anzahl der Arten in einem bestimmten Ökosystem), (4) Wasserfußabdruck (Wassermenge, die für die Produktion von Gütern eingesetzt wird), (5) Abfallaufkommen (Abfallmenge im Rahmen der Wertschöpfung) etc.

- **Standards und Normen**

Die Komplexität zeigt sich weiterhin, wenn Unternehmen nach Standards und Normen suchen, um Nachhaltigkeitsleistungen abzubilden (Panagiotakopoulos et al 2015). Schnell zeigt sich, dass integrative Systeme rar sind. So gibt die ISO 14001 als weltweit akzeptierter und angewendeter Standard für Umweltmanagementsysteme ein typisches Plan-Do-Check-Act-Modell vor, bezieht jedoch primär Umweltindikatoren ein – ebenso wie EMAS (Eco-Management and Audit Scheme – Gemeinschaftssystem für Umweltmanagement und Umweltbetriebsprüfung). Die ISO 26000 legt wiederum als Richtlinie, ohne Zertifizierung, den Fokus auf die unternehmerische und gesellschaftliche Verantwortung. EMASplus greift die Notwendigkeit der integrativen Betrachtung von Nachhaltigkeit auf und erweitert das Umweltmanagementsystem mit sozialen und ökonomischen Komponenten. Um ein integriertes und ganzheitliche Managementsystem zu erhalten, werden die Themenfelder der ISO 26000 aufgegriffen. Ein integriertes Nachhaltigkeitsmanagementsystem bietet der zertifizierbare ZNU-Standard Nachhaltiger Wirtschaften (https://www.znu-standard.com). Für die drei Bereiche Umwelt, Wirtschaft und Soziales werden vielfältige Nachhaltigkeitsaktivitäten erfasst, aufbereitet und lassen sich stetig optimieren.

- **Nachhaltigkeitsberichtserstattung**

Neben den Managementsystemen für Umwelt, Soziales oder Nachhaltigkeit bieten auch Standards der Nachhaltigkeitsberichterstattung Orientierung, welche Nachhaltigkeitskriterien, -indikatoren oder -kennzahlen für das eigene Unternehmen relevant sein könn(t)en (Fifka 2014b). So ist der Deutsche Nachhaltigkeitskodex (DNK) ein branchenübergreifender Vergleichsrahmen für die Nachhaltigkeitsberichterstattung – und bietet insbesondere kleinen und mittelständigen Unternehmen eine pragmatische Handhabung für die drei Themenfelder der Nachhaltigkeit: Umwelt, Soziales und Ökonomie. Im internationalen Raum hat sich die Rahmenlegung der Global Reporting Initiative (GRI) durchgesetzt. Die EU-Richtlinie zur Nachhaltigkeitsberichtserstattung von Unternehmen (Corporate Sustainability Reporting Directive (CSRD)) weitet die Berichtserstattungspflicht aus und gibt klare Anforderungen an die Inhalte vor. Offenzulegende Umweltfaktoren umfassen: Klimaschutz, Anpassung an den Klimawandel, Wasser- und Meeresressourcen, Ressourcennutzung und die Kreislaufwirtschaft, Verschmutzung, Biodiversität und Ökosysteme.

Offenzulegende Sozial- und Menschenrechtsfaktoren beinhalten: Gleichbehandlung und Chancengleichheit, Arbeitsbedingungen, Achtung der Menschenrechte und Grundfreiheiten. Hinzu kommen Governance-Faktoren wie Organe, Risikomanagement, Unternehmensethik oder Kooperationen.

- **Prozess der Bestandaufnahme**

Wenn ein Unternehmen seine Nachhaltigkeitsbemühungen verstärken möchte, hat es somit viele Möglichkeiten, sich dem Themenfeld der Nachhaltigkeit zu nähern. Für die Bestandaufnahme von Nachhaltigkeitsaktivitäten ergeben sich konzeptionell zwei Wege: top-down und bottom-up. Entscheiden sich die Unternehmen für die Variante top-down „vom Allgemeinen zum Detail“ dann ist die Analyse von Nachhaltigkeitsberichten, Standards, Umweltgesetzen und -vorschriften sowie Risiken (Settembre-Blundo et al. 2021) im Zusammenhang mit Nachhaltigkeitsthemen die erste Wahl, da mit ihnen ein Überblick über bestehende Ziele, Leistungsindikatoren und Maßnahmen – auch im Vergleich mit anderen Unternehmen in der Branche – möglich ist. Nach einer Zusammenstellung der in den Berichten und Zertifizierungen enthaltenen Informationen kann das Unternehmen beginnen, entsprechende Daten und Informationen im eigenen Unternehmen zu erheben, zu sammeln und auszuwerten. Das Branchen-Benchmarking ist hilfreich, um Lücken und Verbesserungspotenziale für das eigene Unternehmen zu identifizieren. Im Bottom-up-Zugang erarbeiten die Mitarbeitenden relevante Themenfelder der Nachhaltigkeit, mit denen sie im Alltag konfrontiert sind und stellen erste Indikatoren oder Kennzahlen zusammen. Durch die Identifizierung bereits existierender Initiativen, Prozesse und Ressourcen können potenzielle Stärken und Schwächen ermittelt werden, die als Grundlage für die weitere Entwicklung dienen. Idealerweise werden beide Vorgehen miteinander kombiniert und die unternehmensrelevanten Nachhaltigkeitsfaktoren miteinander abgeglichen. Im top-down-Ansatz können insbesondere kleinere Unternehmen mit zu vielen Aspekten der Nachhaltigkeit konfrontiert sein, die sie zunächst als Überforderung wahrnehmen können (SangSu & Lee 2017); im alleinigen Bottom-up-Vorgehen können essenzielle Nachhaltigkeitsfaktoren schlicht übersehen oder fälschlicherweise als irrelevant eingeschätzt werden.

Darüber hinaus ermöglich die Materialflussanalyse, den Energie- und Ressourcenverbrauch entlang der Wertschöpfungskette abzubilden und auch zu quantifizieren. Dazu werden Daten von Rohstoffeinkäufen, Produktionsprozessen, Abfallströmen und Energieverbräuchen etc. erfasst und analysiert. Darüber hinaus kann das Einbeziehen relevanter Stakeholder, wie Kundinnen und Kunden, Lieferanten, Mitarbeitende oder NGOs wertvolle Informationen hinsichtlich Nachhaltigkeit liefern. Durch Interviews, Umfragen oder Workshops können Informationen zu bestehenden Praktiken, Herausforderungen und Potenzialen gesammelt werden, aber auch Engpässe und ineffiziente umweltwirksame Prozesse identifiziert und konkrete Maßnahmen abgeleitet werden (Ranängen & Lindman 2020).

Häufig ermöglicht erst die Kombination dieser Herangehensweisen eine umfassende Bestandsaufnahme der unternehmerischen Nachhaltigkeitsaktivitäten und schafft damit eine solide Basis für die Entwicklung einer Nachhaltigkeitsstrategie.

Entwicklung einer Nachhaltigkeitsstrategie

Basierend auf den Ergebnissen der Bestandsaufnahme lässt sich eine umfassende Nachhaltigkeitsstrategie entwickelt. Diese definiert den Rahmen für das unternehmerische Nachhaltigkeitsengagement sowie die übergeordneten Nachhaltigkeitsziele des Unternehmens. Eine Nachhaltigkeitsstrategie berücksichtigt sowohl die ökologische als auch die soziale und wirtschaftliche Dimension der Nachhaltigkeit und/oder sie richtet sich beispielsweise auf die 17 Nachhaltigkeitsziele der Agenda 2030 aus. Die Nachhaltigkeitsstrategie legt den Fokus des Unternehmens fest und dient als Orientierung für zukünftige Entscheidungen und Maßnahmen – sowohl fürs Management als auch alle Organisationsmitglieder sowie Stakeholder, wie Kundinnen und Kunden, NGOs (Arnold 2007). Die Entwicklung einer Nachhaltigkeitsstrategie erfordert eine systematische Herangehensweise. Verschiedene interne und externe Akteure können dafür integriert werden. Eine organisationale Nachhaltigkeitsstrategie zu entwickeln, kann auf unterschiedlichen Wegen erfolgreich realisiert werden. Gleichwohl sind oftmals zentrale Analyseschritte erforderlich. In den ISO-Normen wird dem Plan-Do-Check-Act (PDCA)-Ansatz gefolgt. Weiterhin können zentrale Schlüsselelemente wie Flexibilität oder Wirkungen Berücksichtigung finden.[1]

[1] https://rsm-bst-stage.bertelsmann-stiftung.de/fileadmin/files/BSt/Publikationen/GrauePublikationen/NW_Nachhaltigkeitsstrategien_3_mit_Cover_RBx.pdf, S. 66, abgerufen am 30.5.2023.

1. **Plan**, also der Planungsschritt beinhaltet alle Analysen, die notwendig sind, um das Unternehmen auf die eigenen Werte, Ziele, Stärken und Schwächen im Hinblick auf Nachhaltigkeit zu untersuchen. Eine gründliche Analyse der vorhandenen Ressourcen, Fähigkeiten und Geschäftsmodelle (Schaltegger et al. 2016) hilft dabei, die Ausgangssituation des Unternehmens zu verstehen und die Grundlage für die Entwicklung einer maßgeschneiderten Nachhaltigkeitsstrategie zu legen. Das kann ebenso Wesentlichkeits- und Leistungsanalysen umfassen (Kannegiesser & Linde 2018). Das zweite Kriterium des DNK-Standards ist die Wesentlichkeit. Damit sind all diejenigen Aspekte der unternehmerischen Geschäftstätigkeit gemeint, die wesentlich auf Nachhaltigkeitskomponenten einwirken. Zudem gilt es diejenigen Nachhaltigkeitsaspekte offenzulegen, die einen wesentlichen Einfluss auf die Geschäftstätigkeit haben. Im Rahmen der Wesentlichkeitsanalyse werden die positiven und negativen Wirkungen aufgezeigt und Wege, wie diese Feststellungen priorisiert werden und in die eigenen Prozesse einfließen. Eine umfassende Einbeziehung von relevanten Stakeholdern kann diese Analyse begleiten bzw. ergänzen. Ziel ist es, dass Unternehmen die relevanten Handlungsfelder identifizieren, in denen sie den größten Einfluss auf Nachhaltigkeit haben, wie Optimierung der Lieferkette, Produktanpassungen oder -innovationen, Energieeffizienz oder Abfallvermeidung sowie Bildung für Nachhaltige Entwicklung im Bereich der Mitarbeiterentwicklung. Die Auswahl der Handlungsfelder vollzieht sich stets im Rahmen der Prioritäten des Unternehmens, der Stakeholder-Ansprüche und der Ergebnisse der Unternehmensanalyse. Für die Handlungsfelder werden klare und messbare Nachhaltigkeitsziele im Einklang mit der Unternehmensvision und den strategischen Zielen formuliert. Diese Ziele sollten sowohl kurz- als auch langfristige Perspektiven berücksichtigen, wie Reduzierung des CO2-Ausstoßes innerhalb eines, fünf und zehn Jahre, die Transformation in Richtung Kreislaufwirtschaft als Reduktion von Abfällen oder Schließung von Kreisläufen in ein, fünf und zehn Jahren oder die Verbesserung der sozialen Standards entlang der Lieferkette.

2. **Do,** als nächster Schritt erfolgt die Umsetzung, damit die aufgestellten Nachhaltigkeitsziele erreicht werden. Konkrete Maßnahmen, Zuständigkeiten, Ressourcen und Zeitpläne werden für die priorisierten Handlungsfelder und Ziele definiert sowie in bestehende betriebliche Prozesse integriert. Qualitätsmaßnahmen, Methoden des Projektmanagements wie die Festlegung von Meilensteinen

oder Schlüsselkennzahlen/KPIs können dabei helfen, Veränderungen wahrzunehmen, Fortschritte zu verfolgen und die Umsetzung effektiv zu steuern.

3. **Check,** geeignete Mechanismen zum Monitoring und Reporting helfen Unternehmen, die gesteckten Ziele der Nachhaltigkeitsstrategie zu überwachen und unternehmensintern bzw. -extern zu berichten. Das regelmäßige Messen der Leistungsindikatoren und das transparente interne Monitoring sowie die Kommunikation der Ergebnisse und Erkenntnisse an die Organisationsmitglieder machen die Verfolgung der Ziele glaubwürdig und zeigen spezifische Ansatzpunkte für mögliche Anpassungen von Zielen und Maßnahmen auf. Bei Großunternehmen fördert die Kommunikation der Ergebnisse nach innen und außen außerdem die Rechenschaftspflicht und Glaubwürdigkeit.

4. **Act**, die im Check-Bereich gefundenen Probleme werden durch Korrektur- oder Vorbeugungsmaßnahmen versucht zu beheben. Ziel sollte stets sein, Ursachen zu eliminieren und potenzielle Probleme vorzubeugen. Insgesamt geht es um die Verbesserung des gesamten Steuerungs- bzw. Managementsystems. Damit das gelingt, sind erforderliche Ressourcen bereitzustellen, und der Zyklus ist mit frischem Wissen im Plan-Bereich erneut zu durchlaufen, um so sukzessive Verbesserungen zu realisieren und die Nachhaltigkeitsleistung zu erhöhen.

Abbildung 1 zeigt den nachhaltigkeitsbezogenen Plan-Do-Check-Act (PDCA)-Ansatz zusammenfassend auf.

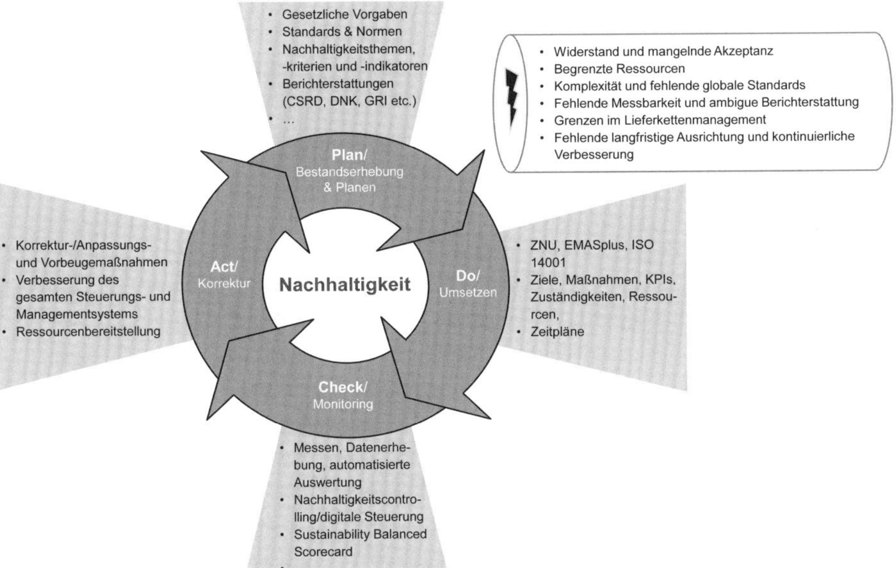

Abbildung 1: Nachhaltigkeitsbezogener Plan-Do-Check-Act (PDCA)-Ansatz

Die Entwicklung einer Nachhaltigkeitsstrategie ist als ein iterativer Prozess zu verstehen, der von kontinuierlichem Lernen und Verbesserungen begleitet ist. Das geht Hand-in-Hand mit unternehmerischer Flexibilität, denn Strategien sind keine starren Gebilde; Nachhaltigkeitsstrategien sind regelmäßig zu überprüfen und anzupassen, damit Unternehmen auf neue Herausforderungen, Chancen und Erkenntnisse reagieren können.

Formulierung abgeleiteter Ziele und Maßnahmen

Auf der Grundlage der definierten Nachhaltigkeitsstrategie werden konkrete Ziele und Maßnahmen abgeleitet. Die Ziele sollten spezifisch, messbar, erreichbar, angemessen und terminierbar (SMART-Kriterien) sein und für die jeweiligen Unternehmensebenen und -bereiche angepasst werden (El-Haggar & Samaha 2019). Zwischenziele und Leistungskennzahlen, Key Performance Indicators (KPIs), können nötig werden, um Aktivitäten zu harmonisieren oder einen Überblick über den Zielerreichungsstand zu erhalten, da nicht jeder organisationale Teilbereich einen Beitrag zum Zielwert leisten kann und zugleich eine gewisse Kohärenz im Zielsystem gegeben sein sollte.

Die Ziele können beispielsweise die Vermeidung und Reduktion von Treibhausgasemissionen, Abfall- und Ressourceneinsparungen oder soziale Verbesserungen entlang der Lieferkette umfassen. Um die definierten Ziele zu erreichen, werden konkrete Maßnahmen formuliert, mit denen Schritte und Aktivitäten beschrieben werden, um genau diese Ziele zu erreichen. Im Bereich der Treibhausgasreduktion gilt stets Vermeidung vor Reduktion und Reduktion vor Kompensation. Mithilfe der SMART-Regel sollten Unternehmen versuchen, Ziele zu quantifizieren, um Fortschritte erfassen und messen zu können. Die Abbildung der Nachhaltigkeitsziele in konkrete Kennzahlen oder Indikatoren ist bei quantifizierbaren Größen, wie Menge an recycelten Abfällen, den Anteil erneuerbarer Energien am Energieverbrauch oder die Anzahl der geschulten Mitarbeiter mit Blick auf Nachhaltigkeit, relativ einfach möglich. Schwieriger ist die Umwandlung der Nachhaltigkeitsziele in Kennzahlen, Indikatoren und Maßnahmen in Bereichen, die eher einer qualitativen Erhebung unterliegen, wie Grad der Nachhaltigkeitskompetenzen der Mitarbeitenden, Biodiversität bzw. Artenschutz etc.

Um geeignete Maßnahmen zu identifizieren, wird häufig empfohlen, sowohl die kurzfristigen Quick Wins als auch die langfristigen strategischen Initiativen abzubilden. Die sogenannten „low hanging fruits" können dazu beitragen, die Motivation von allen Organisationsmitgliedern zu stärken und aufzuzeigen, dass Nachhaltigkeitsengagement machbar und erfolgreich ist. Denn häufig liegen vielfältige Zielkonflikte oder Paradoxien vor, die ein schnelles Erreichen gewisser Nachhaltigkeitsziele erschweren. Werden sowohl potenzielle Synergien und Trade-offs bei der Formulierung von Maßnahmen berücksichtigt, verfügen die Unternehmen über ein realistischeres Bild möglicher Nachhaltigkeitserfolge und -leistungen. Bei Synergien können Maßnahmen, die zur Erreichung eines Ziels beitragen, auch positive Auswirkungen auf andere Ziele haben. Trade-offs kennzeichnen oft Konflikte oder negative Auswirkungen zwischen den jeweiligen Zielen. In der Praxis können sogar Synergien und Trade-offs gleichzeitig vorliegen. So kann das Einbinden der Mitarbeitenden in nachhaltige Initiativen und Programme das Umweltbewusstsein stärken und zu einer positiven Unternehmenskultur beitragen (Synergie) und zugleich erfordert dies Zeit, Ressourcen und Schulungen (Trade-off) – zudem lassen sich die Effekte selten direkt positiv in der Bilanz aufzeigen. Werden Nachhaltigkeitskriterien in das Lieferkettenmanagement integriert, können soziale und ökologische Risiken minimiert und ggf. die Unternehmensreputation verbessert werden (Synergie) – und zugleich ist das proaktive Lieferantenmanagement, sei es durch Umstellung auf nachhaltigere Lieferanten oder die Durchführung von Audits und Überwachungen bzw. die Implementierung eines nachhaltigen Qualitätsmanagements, mit zusätzlichen Kosten verbunden (Trade-off).

Sobald die Maßnahmen festgelegt sind, heißt es – ganz im Sinne des Projektmanagements – Ressourcen und Verantwortlichkeiten festzulegen. Das Management sollte sicherstellen, dass ausreichende Ressourcen und Verantwortlichkeiten, wie Zuweisung von Budgets, Benennung von Verantwortlichen oder Schaffung geeigneter Strukturen und Teams, für die Umsetzung der Maßnahmen vorhanden sind. Es ist wichtig, die Ziele und Maßnahmen regelmäßig zu überprüfen und anzupassen, um die avisierte Nachhaltigkeitsleistung auch zu erreichen. Auch in diesem Teilabschnitt empfiehlt es sich, den Prozess der Zielsetzung und Maßnahmenformulierung iterativ zu gestalten und kontinuierlich anzupassen.

Integration der Maßnahmen in betriebliche Prozesse

Die Integration von Nachhaltigkeitsmaßnahmen in unternehmerische Prozesse ist entscheidend, um Nachhaltigkeitsleistungen zu realisieren. Das kann sogar in einer Anpassung der betrieblichen Geschäftsprozesse resultieren. Wenn im Rahmen der Prozessanalyse deutlich wird, dass Nachhaltigkeitserfolge nur mit Anpassungsmaßnahmen möglich werden, gilt es diese Anpassungen auch anzugehen. Dazu zählen die Optimierung von Produktionsprozessen, die Einführung von umweltfreundlichen Technologien, die Auswahl nachhaltiger Lieferanten oder die Implementierung von Ressourceneffizienzmaßnahmen. Damit Maßnahmen auch effektiv umgesetzt und in unternehmerischen Kernaktivitäten eingebettet werden, können Unternehmen verschiedene Ansätze verfolgen:

- **Steuerung und Controlling:** Die Nachhaltigkeitsmaßnahmen sind in sämtliche Management- und Steuerungsprozesse des Unternehmens zu integrieren. Dafür gilt es unternehmensspezifische Mechanismen zur Steuerung und Überwachung der Nachhaltigkeitsmaßnahmen festzulegen. Für das eine Unternehmen kann es die Sustainability Balanced Scorecard (Hristov et al. 2019) sein, für das andere Schlüsselindikatoren bzw. Leistungsindikatoren. Hinzu kommt die Festlegung klarer Verantwortlichkeiten, regelmäßige Messungen sowie die Überwachung und Bewertung der Fortschritte. Die Einbindung von Nachhaltigkeitszielen und -kennzahlen in das Performance-Management-System des Unternehmens trägt dazu bei, dass Nachhaltigkeitsergebnisse auf allen Ebenen des Unternehmens verfolgt und bewertet werden können. Die Digitalisierung entsprechender Daten macht die Steuerung und das Controlling von Nachhaltigkeitsleistungen noch effektiver.[2]

- **Bewusstseinsbildung und lebenslanges Lernen:** Um das Bewusstsein für Nachhaltigkeitsthemen zu entwickeln und die Mitarbeitenden für die Integration von Nachhaltigkeitsmaßnahmen sowie deren Maßnahmen zu sensibilisieren braucht es nachhaltigkeitsausgerichtete Schulungen und ein Verständnis von Lebenslangem Lernen bzw. Bildung für Nachhaltige Entwicklung. Organisationale Kommunikationskampagnen informieren die Mitarbeitenden über die Bedeutung und den Nutzen von Nachhaltigkeit sowie deren Art und Weise zur erfolgreichen Umsetzung der Nachhaltigkeitsmaßnahmen.
- **Anreizsysteme und Belohnungen:** Nachhaltigkeitsausgerichtete Anreizsysteme und Belohnungen von nachhaltigen Verhaltensweisen können das Engagement der Mitarbeiterinnen und Mitarbeiter für Nachhaltigkeit fördern, indem Nachhaltigkeitsziele direkt in die Leistungsbeurteilung integriert wird (Wagner 2023; Korteling et al. 2023). DNK-Kriterium 08 Anreizsysteme kann Anregungen geben.
- **Kommunikation und Berichterstattung:** Die interne und externe Kommunikation der Nachhaltigkeitsleistung des Unternehmens kann Orientierung geben und Vertrauen schaffen. Unternehmen sollten geeignete Berichtsmechanismen etablieren, um regelmäßig über ihre Nachhaltigkeitsmaßnahmen, Ergebnisse und Fortschritte sowie Entwicklungsaufgaben zu berichten und relevante Interessengruppen zu informieren (Fifka 2014b). Dies kann in Form von Unternehmenswebseiten, Pressemitteilungen, Nachhaltigkeitsberichten und weiteren Medien bzw. Kommunikationskanälen erfolgen. Bei der Berichterstattung ist darauf zu achten, dass sie transparent ist und gewissen Standards folgt, zum Beispiel DNK oder GRI, sie

[2] Digitalisierung, Nachhaltigkeit und „Unternehmensführung 4.0" (GRC) mit Digitalisiertem Integrierten GRC-Managementsystem: Resilienz und Zukunftsfähigkeit – Leitfaden für die Verknüpfung von Digitalisierung, Nachhaltigkeit und GRC mit Strategie, Zielerreichung und Berichterstattung (2020). Waldkirchen: GMRC-Verlag-GbR, https://gmrc-verlag.de/download/digitalisierung-nachhaltigkeit-unternehmensfuehrung-4-0-grc/. Abgerufen am 24. Juli 2023.

sollte relevante Daten enthalten, verständlich aufbereitet – ohne in eine Werbebroschüre zu münden – und vergleichbar sein.

- **Check und fortwährende Ziel-/Maßnahmenanpassung:** Die Integration von Nachhaltigkeitsmaßnahmen in betriebliche Prozesse sollte regelmäßig überprüft und angepasst werden, um Prozesse kontinuierlich zu verbessern und neue Nachhaltigkeitschancen zu identifizieren. Die Überwachung der zielgerichteten Realisierung der Nachhaltigkeitsmaßnahmen ist entscheidend, um sicherzustellen, dass die gesteckten Ziele erreicht werden. Ziele und Maßnahmen sind stetig an sich verändernde Anforderungen und neue Kontextbedingungen anzupassen.

Die Integration von Nachhaltigkeitsmaßnahmen in betriebliche Prozesse erfordert ein ganzheitliches und systemisches Vorgehen sowie eine Integration von Nachhaltigkeitsaspekten in alle Unternehmensbereiche. Es ist wichtig, dass Nachhaltigkeit nicht als isolierte Funktion betrachtet wird, sondern als integraler Bestandteil der Unternehmensstrategie und -kultur verankert ist. Mit einem umfassenden Nachhaltigkeitsmanagement lassen sich erfolgreiche ökonomische Ergebnisse erzielen und zugleich die Umweltleistung verbessern (Schaltegger et al. 2012).

Diese Erfolge sollen jedoch nicht darüber hinwegtäuschen, dass es bei der Implementierung eines Nachhaltigkeitsmanagements in Unternehmen verschiedene Herausforderungen auftreten können. Tabelle 4 fasst einige häufige Probleme sowie verschiedene Strategien zur Überwindung zusammen, denen Unternehmen bei der Implementierung eines Nachhaltigkeitsmanagementsystems gegenüberstehen können. Die Überwindung dieser Herausforderungen erfordert eine ganzheitliche und langfristige Herangehensweise, bei der Nachhaltigkeit als integraler Bestandteil der Unternehmensstrategie und -kultur verankert wird. Eine klare Vision, eine enge Zusammenarbeit mit den relevanten Stakeholdern und eine systematische Herangehensweise können dazu beitragen, die Implementierung eines Nachhaltigkeitsmanagements erfolgreich umzusetzen. In der Regel werden erst eine Kombination mehrere Strategien wirksam, um den Problemen zu begegnen und die Widerstände gegenüber Nachhaltigkeit zu überwinden sowie eine Kultur des Engagements und der Verantwortung für nachhaltiges Handeln zu fördern. Es ist wichtig, Nachhaltigkeit als Lösungsausrichtung und Erfolgsfaktor im internationalen Wettbewerb zu positionieren.

Probleme und	Lösungsansätze bei der Implementierung eines Nachhaltigkeitsmanagements
Widerstand und mangelnde Akzeptanz: Die Einführung eines Nachhaltigkeitsmanagements erfordert oft eine Veränderung der Unternehmenskultur und der etablierten Strukturen sowie Arbeitsweisen. Mitarbeiterinnen und Mitarbeiter sowie Führungskräfte können Widerstand gegen Veränderungen zeigen und Schwierigkeiten haben, die Bedeutung und den Nutzen von Nachhaltigkeit und nachhaltigkeitsausgerichteten Aktivitäten zu erkennen.	• **Vorleben durch Unternehmensführung**: Eine Ausrichtung auf Nachhaltigkeit und damit verbundene Unternehmenskultur erfordert das vorbildliche Handeln der Unternehmensführung. Wenn Führungskräfte selbst nachhaltig agieren und sich aktiv für Nachhaltigkeit einsetzen, senden sie eine starke Botschaft an die Mitarbeitenden. Gelungene Unternehmensführung lebt daher die Nachhaltigkeitsziele vor und unterstützt deren Umsetzung. • **Einbindung der Mitarbeitenden**: Unternehmen ermutigen ihre Mitarbeiterinnen und Mitarbeiter, Ideen und Vorschläge einzubringen und an Entscheidungsprozessen teilzuhaben. Partizipationsmöglichkeiten und aktive Beteiligung kann das Engagement und die Identifikation der Mitarbeitenden mit den Nachhaltigkeitszielen stärken. • **Informationsbereitstellung, Kommunikation und Sensibilisierung**: Unternehmen können das Bewusstsein und Verständnis für Nachhaltigkeitsbelange sowie für die Dringlichkeit nachhaltiger Maßnahmen bei den Mitarbeitenden erhöhen mittels gezielter Bereitstellung von Informationen, wie gut sichtbare Infografiken, Hinweisschilder oder Fakten über nachhaltige Verhaltensweisen. Eine visuelle Darstellung von Daten und Fakten kann dazu beitragen, die Mitarbeitenden an die Bedeutung von Nachhaltigkeit zu erinnern. Eine umfassende Kommunikation über die Bedeutung und den Nutzen von Nachhaltigkeit ist entscheidend. Unternehmen sollten regelmäßig über die Ziele, Strategien, die Auswirkungen des eigenen Handelns auf Umwelt und Gesellschaft und Fortschritte im Nachhaltigkeitsbereich informieren. • **Schulung und Weiterbildung**: Durch Schulungsprogramme und Weiterbildungen, in denen nachhaltigkeitsausgerichtetes Wissen und Kompetenzen vermittelt werden, können Mitarbeiterinnen und Mitarbeiter befähigt werden, ein Bewusstsein und Verständnis für vielfältige Nachhaltigkeitsthemen zu entwickeln und aktiv zur Umsetzung von Nachhaltigkeitsmaßnahmen beizutragen. Schulungen können dabei verschiedene Aspekte von Nachhaltigkeit abdecken, wie Umweltmanagement, soziale Verantwortung, ethisches Geschäftsverhalten oder gesetzliche Anforderungen.

Probleme und	Lösungsansätze bei der Implementierung eines Nachhaltigkeitsmanagements
	• **Anpassung von Anreizsystemen sowie Verzahnung mit individuellem Nutzen**: Anreize können die Motivation und das Interesse der Mitarbeitenden steigern, sich an nachhaltigkeitsausgerichteten unternehmerischen Aktivitäten zu beteiligen. Unternehmen können Anreizsysteme einführen, die das Engagement der Mitarbeitenden für Nachhaltigkeit belohnen. Dies kann durch die Einbindung von Nachhaltigkeitszielen in die Leistungsbeurteilung, die Anerkennung von nachhaltigem Verhalten oder die Bereitstellung von Entwicklungsmöglichkeiten im Bereich Nachhaltigkeit erfolgen. Auch die Betonung individueller Vorteile für die Mitarbeitenden, wie verbessertes Arbeitsumfeld, Kosteneinsparungen, positive Reputation des Unternehmens oder höhere Kundenzufriedenheit, können die Akzeptanz von Maßnahmen steigern. • **Nudging**: Mittels Nudging lassen sich Entscheidungssituationen gezielt gestalten, um Verhaltensänderungen in eine bestimmte Richtung zu lenken, ohne dabei auf Verbote oder finanzielle Anreize zurückzugreifen. Indem Unternehmen die Rahmenbedingungen und Entscheidungsumgebungen anpassen, können sie nachhaltiges Verhalten fördern. Beispielsweise können umweltfreundliche Optionen wie Recyclingbehälter oder energiesparende Geräte prominent platziert werden, während weniger nachhaltige Alternativen auch weniger sichtbar oder zugänglich sind. Durch die Gestaltung von Umgebungen, die nachhaltiges Verhalten unterstützen, werden Mitarbeitende dazu angeregt, nachhaltige Entscheidungen zu treffen. Weiterhin sind Menschen oft bestrebt, sozialen Normen zu folgen. Unternehmen können positive Beispiele nachhaltigen Verhaltens hervorheben und betonen, dass viele andere Mitarbeitende bereits nachhaltige Maßnahmen umsetzen. Dies kann den Druck zur Anpassung an nachhaltiges Verhalten erhöhen und dazu beitragen, dass nachhaltige Praktiken als Normalität wahrgenommen werden. Aber auch regelmäßiges Feedback und Belohnungen können dazu beitragen, die Motivation der Mitarbeitenden für nachhaltiges Verhalten zu stärken. Unternehmen können beispielsweise Rückmeldungen über den individuellen Beitrag zur Nachhaltigkeitsleistung geben oder Anreize wie Anerkennung, Auszeichnungen oder kleine Prämien für nachhaltiges Verhalten einführen. Durch die Verknüpfung

Probleme und	Lösungsansätze bei der Implementierung eines Nachhaltigkeitsmanagements
	von Nachhaltigkeit mit positiven Rückmeldungen und konkreten Anreizen werden Mitarbeitende ermutigt, nachhaltiges Verhalten beizubehalten und auszuweiten. Schließlich lassen sich Defaults, also Voreinstellungen oder Standardoptionen, so festlegen, dass die Wahrscheinlichkeit erhöht wird, diese Option zu wählen. Beispielsweise könnten umweltfreundliche Druckereinstellungen oder energiesparende Vorgaben für Geräte als Standardoptionen eingestellt werden. Mitarbeitende haben stets die Möglichkeit, von diesen Voreinstellungen abzuweichen, und zugleich lenkt der vorgegebene Standard in eine nachhaltigere Richtung.
Begrenzte Ressourcen: Nachhaltigkeitsmaßnahmen erfordern oft zusätzliche Ressourcen, sei es finanzielle Mittel, Personal, Zeit oder Fachkenntnisse. Unternehmen können Schwierigkeiten haben, ausreichende Ressourcen für die Implementierung und Umsetzung von Nachhaltigkeitsinitiativen bereitzustellen.	• **Priorisierung**: Unternehmen sollten eine klare Priorisierung von Nachhaltigkeitszielen und -maßnahmen vornehmen und sich auf die wichtigsten Nachhaltigkeitsaspekte konzentrieren, die einen signifikanten Einfluss auf die Umwelt- und Sozialleistung haben. So können Ressourcen gezielt eingesetzt werden, um die größten Auswirkungen zu erzielen. • **Empowerment:** Interne Ressourcen, Kompetenzen und interne Expertise können genutzt werden, um Nachhaltigkeitsmaßnahmen umzusetzen. Vorhandene Mitarbeiterinnen und Mitarbeiter werden in interne Nachhaltigkeitsteams oder -projekte eingebunden, um nachhaltige Lösungen zu entwickeln. Oftmals verfügt ein Unternehmen über Change Agents mit vielfältigen Nachhaltigkeitskenntnissen und -kompetenzen – diese gilt es effektiv einzubinden. So lässt sich die Notwendigkeit zusätzlicher Ressourcen reduzieren.

Probleme und	Lösungsansätze bei der Implementierung eines Nachhaltigkeitsmanagements
	• **Innovationsorientierung**: Mittels innovativer Lösungen, wie Einsatz neuer Technologien, den Einsatz erneuerbarer Energien oder die Umstellung auf umweltfreundliche Produktionsverfahren, lassen sich Ressourceneffizienz verbessern und Kosten reduzieren. Nachhaltige Innovationen können neue nachhaltige Geschäftsmodelle fördern und gleichzeitig Ressourcenengpässe überwinden. Die Integration des Nachhaltigkeitsmanagements erfordert auch eine strategische Perspektive. Nachhaltigkeit ist eine Investition in Gegenwart und Zukunft sowie zur Wahrung planetarer Grenzen, für die entsprechende finanzielle Mittel bereitstellt werden können. Unternehmen können finanzielle Mittel strategisch planen, um nachhaltige Innovationen und Nachhaltigkeitsziele zu erreichen. • **Zusammenarbeit und Partnerschaften**: Unternehmen können Kooperationen mit anderen Unternehmen, NGOs, Forschungseinrichtungen oder Regierungsorganisationen eingehen, um Ressourcen zu teilen und Synergien zu nutzen. Gemeinsame Projekte, Informationsaustausch und gemeinsame Nutzung von Infrastruktur oder Expertise können die Effizienz steigern und Ressourcenengpässe verringern. • **Externe Beratung**: Externe Beraterinnen und Berater oder Expertinnen und Experten können spezifisches Fachwissen und Unterstützung bei der Integration des Nachhaltigkeitsmanagements beitragen. Externe Fachleute helfen weiterhin, fehlende Fachkenntnisse oder Engpässe bei internen personellen Ressourcen auszugleichen. Das lässt sich auch durch nachhaltigkeitsspezifische Netzwerkarbeit leisten.

Probleme und	Lösungsansätze bei der Implementierung eines Nachhaltigkeitsmanagements
Komplexität und fehlende globale Standards: Nachhaltigkeitsmanagement ist ein komplexes Thema, das verschiedene Aspekte wie Umwelt, Soziales und Governance umfasst. Es gibt eine Vielzahl von Nachhaltigkeitsstandards, -richtlinien und -instrumenten mit unterschiedlichen Komplexitätsgraden, die Unternehmen anwenden können und zugleich vor die Herausforderung stellen, die richtigen Tools für ihre unternehmensspezifischen Bedürfnisse zu wählen.	• **Nutzung und Entwicklung von Standards**: Ein erster Schritt besteht darin, vorhandene Standards zu sichten sowie zu selektieren. Der Rückgriff auf vorhandene Standards kann einen einheitlichen Rahmen für die Umsetzung von Nachhaltigkeitsmaßnahmen bieten und eigene Ressourcen schonen. Beispiele für existierende Nachhaltigkeitsstandards sind der Global Reporting Initiative (GRI)-Standard für die Berichterstattung, die ISO 14001 für Umweltmanagement oder der UN Global Compact für soziale Verantwortung. Doch nicht immer werden damit branchen- oder sektorspezifische Bedarfe abgebildet. Dann lassen sich eigene Standards für ein Nachhaltigkeitsmanagement entwickeln, um Prozesse entsprechend auszurichten. • **Integration von Nachhaltigkeit in bestehende Systeme**: Die Integration von Nachhaltigkeit braucht nicht zwingend über Managementsysteme zu erfolgen – auch wenn das viele Vorteile hat. Nachhaltigkeitsziele lassen sich ebenso in bestehende Unternehmensstrukturen und -prozesse integrieren, zum Beispiel in die bisherige strategische Unternehmensplanung mittels Schlüsselkennzahlen (KPIs) oder Dialogverfahren oder über das Qualitätsmanagement mittels Nachhaltigkeitskriterien in die Lieferantenbewertung und -auswahl. Durch die Integration von Nachhaltigkeit in bestehende Systeme können Komplexität reduziert und Synergien ermöglicht werden. • **Digitale Lösungen und kontinuierliche Verbesserung**: Durch den Einsatz von digitalen Lösungen, wie Datenmanagement-Systemen, Softwarelösungen oder digitalen Plattformen, lassen sich Informationen effizient erfassen, analysieren und als wichtige Berichtsdaten ausgeben. Die Reduktion der Komplexität im Nachhaltigkeitsmanagement liegt dann in einer besseren Überwachung und Steuerung von Nachhaltigkeitsmaßnahmen, Aufzeigen von Soll-/Ist-Zahlen, Wechselwirkungen und erleichtert zugleich die Einhaltung von Standards und Vorgaben. Digitale Lösungen stärken weiterhin die Flexibilität sowie die Effizienz regelmäßiger Überprüfungen oder Audits, um die unternehmerische Nachhaltigkeitsleistung zu bewerten, Schwachstellen zu identifizieren und Maßnahmen zur kontinuierlichen Verbesserung umzusetzen.

Probleme und	Lösungsansätze bei der Implementierung eines Nachhaltigkeitsmanagements
Je nach Größenklasse gelten gesetzliche Vorschriften, die eine konkrete Standardanwendung notwendig macht; oder Unternehmen können in Abhängigkeit der Nachhaltigkeitsthemen einzelne Standards wählen, um Nachhaltigkeit im Unternehmen zu etablieren. Integrative und globale Nachhaltigkeitsstandards sind bisher rar.	• **Austausch und Zusammenarbeit**: Ein Nachhaltigkeitsmanagement braucht kontinuierliche Weiterentwicklung und unternehmerisches Lernen, um neue Entwicklungen, aktuelle Forschungen und Technologien sowie sich verändernde rechtliche und/oder ethische Anforderungen im Bereich Nachhaltigkeit im Blick zu behalten. Unternehmen können sich mit anderen Unternehmen, Branchenverbänden oder Expertengruppen zusammenschließen, um bewährte Praktiken auszutauschen und gemeinsam an wertschöpfungskettenübergreifenden Lösungen zu arbeiten.

Probleme und	Lösungsansätze bei der Implementierung eines Nachhaltigkeitsmanagements
Messbarkeit und Berichterstattung: Die Messung von und Berichterstattung über Nachhaltigkeitsleistungen sind komplex, da sowohl quantitative als auch qualitative Leistungen abzubilden sind und es keine einheitlichen Standards für die Bewertung, Aggregation und Einordnung von Nachhaltigkeitskennzahlen gibt. Unternehmen haben immer wieder Schwierigkeiten, die richtigen Indikatoren zu identifizieren, Daten zu sammeln und zu analysieren, Daten zu aggregieren sowie über ihre Nachhaltigkeitsleistung mit Blick auf organisationale Effektivität und Effizienz und externe Legitimität transparent und verständlich zu berichten.	• **Auswahl geeigneter Kennzahlen, Indikatoren und Messgrößen**: Die Auswahl der Nachhaltigkeitskennzahlen und -indikatoren hängt sowohl mit Berichtsvorschriften als auch mit unternehmensspezifischen Zielen und Kontexten zusammen. Die gewählten Größen sollten messbar, vergleichbar, relevant und verlässlich sein. Branchenstandards und Leitlinien wie Global Reporting Initiative (GRI) oder Corporate Sustainability Reporting Directive (CSRD)können als Orientierung dienen und Unternehmen bei der Auswahl geeigneter Messgrößen unterstützen. • **Datenmanagement und digitale Lösungen**: Unternehmen können Softwarelösungen und digitale Plattformen einsetzen, um Nachhaltigkeitsdaten effizient zu erfassen, zu verarbeiten, zu analysieren, zu verwalten und zu berichten. Die Automatisierung von Datenerfassung und -analyse kann Zeit und Ressourcen sparen und die Genauigkeit der Berichterstattung verbessern. • **Stakeholder-Einbindung und Zertifizierung**: Die Einbindung von Stakeholdern, wie Mitarbeitenden, Kunden, Lieferanten und lokale Gemeinschaften oder externe Prüfinstitutionen, kann dazu beitragen, die Identifizierung von Nachhaltigkeitsindikatoren und -zielen zu verbessern und relevante Datenquellen, Schlüsselkennzahlen oder Verbesserungspotenziale zu identifizieren. Durch den Dialog mit Stakeholdern können Unternehmen auch deren Erwartungen und Anforderungen besser verstehen und dies in ihre Berichterstattung integrieren. Externe Prüfungen und Zertifizierungen können dazu beitragen, die Glaubwürdigkeit der Nachhaltigkeitsberichterstattung zu erhöhen. Unternehmen können ihre Nachhaltigkeitsleistung von unabhängigen Prüfern überprüfen lassen, um die Genauigkeit und Zuverlässigkeit ihrer Berichte zu bestätigen. Zertifizierungen können auch als Vertrauenssignal für Stakeholder dienen. • **Entwicklung von Branchenstandards**: Unternehmen, Branchenverbände, NGOs und Regierungsorganisationen können gemeinsam branchenspezifische Nachhaltigkeitsstandards entwickeln, um einheitliche Messgrößen, Berichtsrichtlinien und Zertifizierungen für die jeweilige Branche festzulegen.

Probleme und	Lösungsansätze bei der Implementierung eines Nachhaltigkeitsmanagements
Lieferkettenmanagement: Unternehmen stoßen an spezifische oder systemische Grenzen, Nachhaltigkeitsanforderungen in ihre Lieferantenbeziehungen, insbesondere in globale Lieferketten, zu integrieren. Aufgrund nationaler gesetzgeberischer Unterschiede, fehlender globaler Sanktionen sowie verschiedener Kulturräume ist es oftmals schwierig, Nachhaltigkeitsstandards entlang der gesamten Lieferkette durchzusetzen und/oder sicherzustellen, dass Zulieferer nachhaltige Praktiken und Standards einhalten.	• **Lieferantenbewertung und Transparenz in der Lieferkette**: Am Anfang steht eine umfassende Bewertung der Lieferanten hinsichtlich der Nachhaltigkeitsstandards oder notwendiger bzw. relevanter zu erfüllender Nachhaltigkeitskriterien, wie Umweltleistung, Arbeitsbedingungen, ethisches Geschäftsverhalten und soziale Verantwortung. Transparenz in der Lieferkette beinhaltet die Nachverfolgung von Nachhaltigkeitsstandard in der Lieferkette von Rohstoffgewinnung bis zur Offenlegung von Informationen über Produktionsstandorte, Arbeitsbedingungen und Umweltauswirkungen. Technologien wie Blockchain begünstigen eine transparente und nachvollziehbare Lieferkette. • **Risikomanagement und kontinuierliche Überwachung/Audits**: Risiken in der unternehmerischen Lieferkette zu identifizieren und bewerten, insbesondere hinsichtlich Umwelt- und Sozialauswirkungen, können potenzielle Problembereiche identifizieren, um geeignete Maßnahmen zur Risikominimierung zu ergreifen. Das Einrichten von Frühwarnsystemen und die regelmäßige Überprüfung der Lieferkette ermöglicht es, potenzielle Risiken zu erkennen und rechtzeitig zu handeln. Regelmäßige Überwachung, Audits und Zertifizierungen sind zentrale Instrumente, um die Einhaltung von Nachhaltigkeitskriterien und -standards in der Lieferkette sicherzustellen. • **Aufbau von Partnerschaften und Lieferantenauswahl**: Eine enge Zusammenarbeit mit Lieferanten und anderen Partnern in der Lieferkette ist sinnvoll, um gemeinsame Nachhaltigkeitsziele zu entwickeln und umzusetzen. Schulungen, Dialoge und Qualitätsmanagementsysteme können dazu beitragen, dass Lieferanten die erforderlichen Fähigkeiten und Kenntnisse entwickeln, um ihre Nachhaltigkeitsleistung (kurz- bis langfristig) zu verbessern oder Nachhaltigkeitsstandards einzuhalten. Aber auch die Auswahl von neuen Lieferanten, die ähnliche Nachhaltigkeitsziele verfolgen, ermöglicht es Unternehmen, mit Partnern zusammenarbeiten, die Nachhaltigkeitswerte teilen.

Probleme und	Lösungsansätze bei der Implementierung eines Nachhaltigkeitsmanagements
Fehlende langfristige Ausrichtung und kontinuierliche Verbesserung: Nachhaltigkeitsmanagement erfordert eine langfristige Perspektive bzw. langfristige Nachhaltigkeitsstrategie und kontinuierliche Verbesserung, doch Unternehmen priorisieren häufig kurzfristige Gewinnziele oder sehen Nachhaltigkeitsengagement entlang der Lieferkette nicht ausreichend honoriert.	• **Strategische Integration**: Damit Nachhaltigkeit ein integraler Bestandteil der Unternehmensstrategie wird, braucht es langfristige Nachhaltigkeitsziele, die mit (langfristigen) Geschäftszielen und der Unternehmensvision verknüpft sind. Das Bekenntnis zur Nachhaltigkeit ist eine Entscheidung. Über eine klare strategische Ausrichtung lassen sich Mechanismen und Strukturen auf allen Ebenen des Unternehmens in die Entscheidungsfindung verankern. Das kann weiterhin nachhaltigkeitsausgerichtete Innovationen, neue Technologien, Prozesse oder Geschäftsmodelle umfassen, die Umweltauswirkungen reduzieren und zu einer nachhaltigeren Betriebsweise beitragen. Mit neuen nachhaltigen oder kreislauffähigen Lösungen lassen sich auch (potenzielle) Wettbewerbsvorteile realisieren. • **Strategiekreislauf – Festlegung messbarer Ziele und Maßnahmen sowie kontinuierliches Monitoring und Reporting**: Um die Nachhaltigkeitsleistung abzubilden, sollten Unternehmen klare und messbare Ziele mit konkreten kurz- und langfristigen Aspekten festlegen. So lassen sich Fortschritt verfolgen, die Nachhaltigkeitsleistung kontinuierlich überwachen und darüber berichten sowie an einer langfristigen Ausrichtung festhalten. Basis bildet das regelmäßige Erfassen und die Analyse sowie Aufbereitung von Daten. • **Stakeholder-Einbindung**: Die Einbindung von internen und externen Stakeholdern, wie Mitarbeitenden, Kunden, Lieferanten und der lokalen Gemeinschaft und anderen relevanten Interessengruppen, können Unternehmen ihre Nachhaltigkeitsaktivitäten eng auf die Ansprüche der Stakeholder abstimmen und eine kontinuierliche Verbesserung anregen. Stakeholder tragen häufig neue Perspektiven und Werte an Unternehmen heran.

Tabelle 4: Probleme und Lösungsansätze bei der Implementierung eines Nachhaltigkeitsmanagements

Implementierung eines Nachhaltigkeitsmanagements auf einen Blick

Die Implementierung eines Nachhaltigkeitsmanagements erfordert eine strukturierte Vorgehensweise. Die Bestandaufnahme der existierenden Nachhaltigkeitsaktivitäten, die Entwicklung einer Nachhaltigkeitsstrategie, die Formulierung von Zielen und Maßnahmen sowie die Integration in betriebliche Prozesse sind wichtige Schritte auf dem Weg zu einem effektiven Nachhaltigkeitsmanagement. Durch eine systematische Umsetzung können Unternehmen ihre Nachhaltigkeitsleistung verbessern, Ressourceneffizienz steigern und langfristigen Erfolg erzielen. Insgesamt befördern die folgenden Aspekte die erfolgreiche Implementierung eines Nachhaltigkeitsmanagementsystems in Unternehmen:

- Eine umfassende Kommunikation, Schulung und Einbindung der Mitarbeiterinnen und Mitarbeiter ist wichtig, um Akzeptanz und Engagement zu fördern.
- Eine sorgfältige Planung, Priorisierung und Integration von Nachhaltigkeit in bestehende Prozesse kann dazu beitragen, die Ressourcen optimal unternehmensspezifisch einzusetzen.
- Prüfen der Standards und Frameworks, die für das Unternehmen relevant und angemessen sind und wie diese in Strategien und Prozesse integriert werden können, kann schnell wichtige Nachhaltigkeitsleistungsindikatoren aufzeigen.
- Die Erfassung und Messung von Nachhaltigkeit erfordern eine klare Zielsetzung und ein robustes Monitoring- und Berichtssystem, um den Fortschritt zu verfolgen und Stakeholder zu informieren.
- Eine enge Zusammenarbeit mit Lieferanten, Schulungen und Audits können helfen, die Einhaltung von Nachhaltigkeitskriterien entlang der gesamten Lieferkette zu verbessern.
- Aufgrund der langfristigen Ausrichtung eines Nachhaltigkeitsmanagements erfordert es ein starkes Engagement der Unternehmensleitung, um Nachhaltigkeit als strategischen Fokus zu etablieren und eine Kultur der kontinuierlichen Verbesserung zu fördern.

Final ist es wichtig, dass Unternehmen ihre eigene Situation und ihre spezifischen Anforderungen berücksichtigen, um zielführende Lösungen zu finden. Oftmals ist die Kombination von vielfältigen Ansatzpunkten sinnvoll und führt schrittweise zum Erfolg.

Kapitel 4: Nachhaltige Unternehmenssteuerung

von Peter Rötzel

Die zur Unternehmensstrategie gehörenden Nachhaltigkeitsaspekte in der alltäglichen Unternehmenssteuerung benötigen oftmals angepasste Instrumente auf operativer, taktischer und strategischer Ebene. Diese Instrumente sind nötig, um die Strategie wirkungsvoll in Steuerung zu übersetzen. Die Steuerung von innerbetrieblichen Prozessen und Abläufen sowie die Steuerung des Verhaltens von Entscheidungsträgern hin zu einem nachhaltigeren Verhalten wird unter dem Begriff Managementsteuerungssystem oder „Management Control System" (MCS) zusammengefasst (Merchant & van der Stede 2023 zu MCS sowie z.B. Johnstone 2020; Rötzel et al. 2019; Guenther et al. 2016 zu nachhaltigkeitsorientierten MCS). Das Steuerungssystem einer Organisation besteht aus einem Set aus Instrumenten, welche im Zusammenspiel dazu dienen, die Erreichung der Unternehmensziele hinreichend sicherzustellen, ihren derzeitigen Erfüllungsgrad zu messen, Risiken in der Erfüllung aufzuzeigen und das Verhalten der Mitarbeiter auf die Erreichung der Unternehmensziele hin auszurichten (Merchant & van der Stede 2023).

Das Design der MCS zur Unternehmenssteuerung wird aus der Unternehmensstrategie abgeleitet und richtet sich nach den strategischen Unternehmenszielen (z.B. Marktwachstum, Preisführerschaft etc.). Spielten in der Vergangenheit eher Finanzziele (z.B. ROI, EBIT etc.) die vorherrschende Rolle (Kraus et al. 2018), so sind in den letzten Jahren weitreichendere Unternehmensziele, wie Resilienz und Nachhaltigkeit in der Leistungserstellung, in den unternehmerischen Fokus geraten. Unternehmen sehen sich auch durch den Druck der Stakeholder (Anteilseigner, Kunden, Lieferanten etc.) gezwungen, die strategische Ausrichtung im Hinblick auf eine nachhaltige Leistungserstellung anzupassen (z.B. Johnstone 2020). Laut einer ICV-Studie (2022) hat der durchschnittliche Einfluss der Stakeholder auf die Ausgestaltung der Nachhaltigkeit in den Unternehmen, insbesondere auf die ökologischen und sozialen Aktivitäten, in den letzten Jahren stetig zugenommen (Abbildung 2).

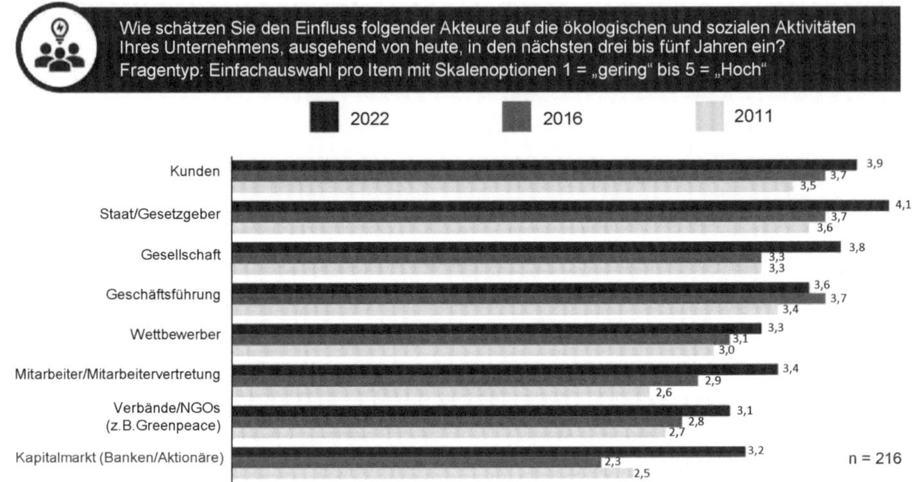

Abbildung 2: Stakeholder-Einfluss auf Aktivitäten im Bereich Nachhaltigkeit in Unternehmen (Quelle: ICV 2022)

In diesem Kontext wurden Managementsteuerungssysteme zunehmend um den Bereich Nachhaltigkeit erweitert und dann unter dem Begriff Sustainability Control System (SCS) ergänzt (Gond et al. 2012). Grundlegende Idee hierbei war die Nutzung von bekannten Controlling-Instrumenten zur Steuerung von Nachhaltigkeitsaspekten aus der Unternehmensstrategie. Hierbei standen zunächst eher ökologisch orientierte Aspekte im Fokus, die jedoch um soziale Aspekte erweitert wurden, was sich insbesondere auch in der Relevanz von sozialen Aspekten in der Controlling-Praxis widerspiegelte (ICV 2016, 2022). Ein anderer Indikator für die gemeinsame Betrachtung von ökologischer und sozialer Nachhaltigkeit ist die zunehmende Integration beider Aspekte in das Performance Management (Asiaei et al. 2021).

Die Ausrichtung des Steuerungssystems wie MCS oder SCS sollte anhand der strategischen Bedeutung der Nachhaltigkeit im Unternehmen beurteilt werden. Ein möglicher Startpunkt der Betrachtung ist das Modell der fünf Stufen der Nachhaltigkeit von Nidumolu et al. (2009), welches auch in den Green Controlling-Studien des ICV angewandt wurde (ICV 2012, 2016, 2022).

Zielkonsense und Zielkonflikte in der nachhaltigen Unternehmenssteuerung

Die Unternehmenssteuerung mit ihren Instrumenten dient auch der Identifikation von Zielkonsensen und Zielkonflikten (Merchant & van der Stede 2023). Hierbei sind insbesondere Zielkonflikte im Bereich der nachhaltigkeitsorientierten Unternehmenssteuerung für Organisationen von Bedeutung. Zielkonflikte treten im Bereich Nachhaltigkeit zwischen allen drei Dimensionen der Nachhaltigkeit auf (Haffar & Searcy 2017; van der Byl & Slawinski 2015). Wenn die Erfüllung eines Nachhaltigkeitsziels die Erfüllung eines oder mehrerer anderer Ziele beeinträchtigt, liegt ein Zielkonflikt vor. Umgekehrt existiert ein Zielkonsens, wenn die Erfüllung eines Zieles die Erreichung eines oder mehrerer anderer Ziele fördert.

Organisationen gehen mit Zielkonflikten unterschiedlich um. So zeigte eine Studie von Wright und Nyberg (2017), dass Organisationen verschiedene Ansätze verfolgen, um dem Mega-Trend Klimawandel im alltäglichen Geschäft Rechnung zu tragen. Diese Ansätze reichen von Vermeidungsstrategien bis hin zur Änderung des Geschäftsmodells.

Bei der Analyse von Zielkonsensen und Zielkonflikten lassen sich vier Typen von Ansätzen identifizieren, welche grundsätzlich unterschiedliche Umgänge und Verfahren in Bezug auf Ziele der Nachhaltigkeit verdeutlichen. Eine Übersicht bietet Tabelle 5. Diese werden im Folgenden näher besprochen.

Typ	Umgang mit Zielen	Verfahren	Mögliche Steuerungsproblematik
Win-win-Situation	Durch Komplementarität gibt es keinen Zielkonflikt, beide Ziele können verfolgt werden	Fokus auf finanzieller Performance, Vermeidung von Trade-offs	Nur ausgewählte nachhaltige Ziele werden verfolgt, ggf. Ziele mit Zielkonflikten eher vermieden
Trade-off-orientierte Gewichtung	Es werden bei Zielkonflikten Nachhaltigkeitsziele bevorzugt, die einen geringen Trade-off haben	Fokus auf finanzieller Performance, Reduzierung von Trade-offs	Zielkonflikt-trächtige Nachhaltigkeitsziele werden untergewichtet, die Höhe der Trade-offs steht im Vordergrund, nicht die Erzielung von Nachhaltigkeit
Integrativ ausbalancierte Zielauswahl	Zielkonflikte werden reduziert, indem die Gewichtung von ökonomischen zu ökologischen/sozialen Zielen erfolgt	Integration von ökologischen und sozialen Zielen, Fokus auf Ausbalancierung	Untergewichtung ökonomischer Ziele kann ggf. bei zu wenig Steuerung zu Verwerfungen führen
„Paradoxie" auflösen und über gemeinsamen Nenner steuern	Kurzfristige Zielkonflikte werden akzeptiert und erkundet, langfristiges Verständnis ist wichtiger als Auflösung oder Entscheidung	Zugunsten langfristiger Erkenntnis und kreativer Problemlösung wird kurzfristig kein Trade-off aufgelöst oder ausbalanciert	Langfristiges Verständnis und kreative Problemlösung sind unsicher, während kurzfristige Trade-offs bei zu wenig Steuerung zu Verwerfungen führen können

Tabelle 5: Typen zum Umgang mit Zielkonsensen und Zielkonflikten

Die Nutzung von Win-win-Situationen bietet Organisationen die Möglichkeit, Nachhaltigkeit unter Ausnutzung von Komplementaritäten in die Unternehmenssteuerung einzubinden. Dieser Typ der Einbindung von Nachhaltigkeitsaspekten erlaubt die gemeinsame Zielerreichung. Eine Studie von Orlitzky et al. (2003) zeigte, dass es unter Vorliegen von Zielkonsens eine signifikant positive Korrelation von finanzieller sowie ökologischer und sozialer Performance gibt. Eine Meta-Studie von Albertini (2013) kam für einen 35-Jahreszeitraum zu einem eher positiven Zusammenhang zwischen ökologischer und finanzieller Performance. Kritisch zu würdigen ist jedoch, dass aufgrund des Charakters der Meta-Studie die Performancemaße durchaus variieren.

Wenn sich Zielkonflikte nicht vermeiden lassen, z.B. wegen Stakeholderdrucks oder regulatorischer Vorgaben, werden Spannungsfelder sichtbar (sog. Trade-offs). Die Untersuchung dieser Spannungsfelder beschleunigte sich ab 2010 in der wissenschaftlichen Forschung und zeigt sich intraorganisational (Van der Byl & Slawinski 2015), aber auch im Rahmen von Investitionsentscheidungen beim potenziellen Trade-off zwischen risikobereinigter Rendite und ESG-Level (Pedersen et al. 2021). Zielkonflikte und mit ihnen verbundene Trade-offs machen oftmals eine Zielgewichtung nötig. Trade-offs im Bereich Nachhaltigkeitssteuerung definieren Hahn et al. (2010) wie folgt: "accepting a relatively small loss in corporate economic performance to generate a substantial social or environmental benefit (that) might well result in a greater positive corporate contribution to sustainable development compared with a situation of minor gains in economic performance alongside modest improvements in environmental or social performance" (Hahn et al. 2010, S. 220). Diese Definition beschreibt die Umkehr von einer Win-win- zu einer Win-lose-Situation bei der Unternehmenssteuerung. Hierbei ist die Betrachtungshöhe wichtig: Trade-offs dieser Art können auf gesellschaftlicher, branchenspezifischer, organisationaler und individueller Ebene existieren und analysiert werden (Carmine & De Marchi 2023). Im Folgenden stehen die *organisationalen* Trade-offs im Fokus, da nun neben finanziellen Zielen für unterschiedliche Stakeholdergruppen auch Nachhaltigkeitsziele zunehmend an Bedeutung gewinnen. In früheren Untersuchungen fand sich eine eindeutige Vorrangigkeit von finanziellen Zielen gegenüber Nachhaltigkeitszielen, während in den letzten zehn Jahren die Bedeutung von Nachhaltigkeitszielen zunahm (ICV 2022). Organisationen können hier bei der Ausrichtung ihres Steuerungssystems dazu tendieren, eine Trade-off-orientierte Gewichtung der Ziele vorzunehmen und damit den Zielkonflikt vermeintlich aufzulösen. Im Kern werden hier zielkonfliktträchtige Nachhaltigkeitsziele eher untergewichtet – die Höhe der Trade-offs steht im Vordergrund, nicht die Erzielung von Nachhaltigkeit (Van der Byl & Slawinski 2015).

Der dritte Typ setzt nicht auf die Vermeidung von Zielkonflikten durch die Fokussierung auf Win-win-Situationen oder auf das Übergewichten von Nachhaltigkeitszielen mit geringerem Trade-off, sondern folgt einer integrativen und auf ausgewogene Balancierung ausgerichteten Idee: Die drei Aspekte ökologischer, sozialer und ökonomischer Nachhaltigkeit holistisch zusammen zu betrachten, ohne einen Aspekt oder besondere Ziele eines Aspektes im Besonderen zu fokussieren. Aus dieser Sicht legt die Unternehmenssteuerung keinen Schwerpunkt auf ökonomisch oder finanziell vorteilhafte Einzelziele. Die integrative Sicht (im Engl. „Emerging Integrative View") ist als Alternative zu einer instrumentellen Sicht der beiden ersten Typen zu sehen (Hahn et al. 2015). Sie besteht aus zwei Schritten: (1) der Identifikation von Zielkonflikten und daraus resultierenden Trade-offs und (2) der strategischen Adressierung im Steuerungssystem. Die Idee der Ausbalancierung ist angelehnt an andere Instrumente, mit denen eine Ausbalancierung von strategischen Zielen möglich ist, z.B. die Balanced Scorecard. Für die Ausgestaltung des Unternehmenssteuerungssystems bedeutet die Anwendung der integrativen Sicht sowohl die Bereitstellung von Instrumenten zur Identifikation von Zielkonflikten als auch die Steuerung, Kontrolle und Anpassung von Ausbalancierungen innerhalb des Steuerungssystems. Dies kann ein Unternehmenssteuerungssystem sehr komplex und weniger flexibel machen. Die Frage, ob daher die Integration innerhalb eines regulären Steuerungssystems oder in der Schaffung eines weiteren, dafür spezialisierten Steuerungssystems liegt, wird im nächsten Abschnitt diskutiert.

Zuletzt sei noch die sogenannte „paradoxe" Sichtweise erwähnt. Diese Sichtweise leitet sich aus der Organizational Paradox Theory ab und sieht Zielkonflikte als positive Phänomene an. Der Theorie folgend sind kurzfristige Unter-/Übergewichtungen von Trade-offs oder Dilemmata nicht zielführend, da die grundlegenden Verwerfungen nicht verschwinden. Das Unternehmenssteuerungssystem ist in diesem Verständnis eine Behandlung von Symptomen (z.B. Trade-offs, Zielkonflikten) und nicht die Lösung des eigentlichen Problems. Mit der langfristig orientierten paradoxen Sichtweise soll durch das Verständnis der Problematik ein kreativer Lösungsprozess entstehen, der langfristig zu einer Lösung – und damit auch zu einer Auflösung des Trade-offs – führt. Die Nutzung des paradoxen Ansatzes erfordert jedoch bei dem Unternehmenssteuerungssystem eine stetige und hohe

Identifikations- und Analysefähigkeit im Bereich der kybernetischen Steuerungssysteme sowie eine stetige Adaption und Evaluation im Bereich Planung und strategische Anpassung (Van der Byl & Slawinski 2015).

Spannungsfeld zwischen Integration in bestehende Steuerungssysteme und Nutzung von separaten Steuerungssystemen

Bei nachhaltigkeitsorientierten Managementsteuerungssystemen existieren zwei unterschiedliche Ansätze zur verbesserten Umsetzung von nachhaltigen Unternehmenszielen mittels Verhaltensbeeinflussung über Steuerungssysteme:

- Entwicklung und Umsetzung nachhaltiger Managementsteuerungssysteme ohne Einbindung in die bestehenden Managementsteuerungssysteme
- Integration der ökologischen und sozialen Unternehmensziele in bestehende Managementsteuerungssysteme

Auf der einen Seite werden beide Ansätze konkurrierend im Unternehmenskontext betrachtet (ein Überblick über Zielkonkurrenzen und Zielkonflikte zwischen den ökonomischen und sozioökologischen Zielen finden sich z.B. bei Stehle 2015). Hierbei muss das Unternehmen zwischen beiden Zieldimensionen (ökonomisch vs. sozioökologisch) vermitteln (Burritt & Saka 2006). In diesem Kontext spielt das nachhaltigkeitsorientierte Steuerungssystem (SCS) eher eine unterstützende Rolle, um Faktoren wie z.B. Unternehmensimage, Umweltbewusstsein oder Nachhaltigkeitsberichterstattung zu fördern (z.B. Brown & Sundin 2013) und wird nicht als Teil des MCS betrachtet. Auf der anderen Seite wird ein integrierter Ansatz verfolgt, bei dem die Zieldimensionen komplementär betrachtet werden (Johnstone 2019). Die Herausforderung hierbei liegt in der Integration und Ausbalancierung von ökonomischen, sozialen und ökologischen Zielen des Unternehmens. SCS sollen die Interessen der verschiedenen Stakeholder – auch und insbesondere neben den überwiegend finanziellen Interessen der Shareholder – mit der Unternehmensstrategie verknüpfen (Gond et al. 2012) und die Reziprozität zwischen den genannten Zieldimensionen ausbalancieren. Daher wird hier der komplementäre Ansatz betrachtet und SCS als Ergänzung bzw. Erweiterung des MCS gesehen.

Der erste Ansatz besteht in der Entwicklung nachhaltigkeitsorientierter Managementsteuerungssysteme ohne Einbindung in bestehende MCS. Die Idee, getrennte nachhaltigkeitsorientierte Managementsteuerungssysteme umzusetzen, kann vorteilhaft bei der Operationalisierung der Nachhaltigkeitsziele sein. Doch ökologische Managementsteuerungssysteme ohne Einbindung sind oftmals ineffizient und beeinflussen Manager nur in geringem Maße (Bonacchi & Rinaldi 2007; Perego & Hartmann 2009; Pondeville et al. 2013).

Es ergibt sich hierbei ein grundlegender Trade-off zwischen Eigenständigkeit und Synergien. Die Eigenständigkeit eines solchen Managementsteuerungssystems erhöht die Visibilität und Betrachtungsebene in der Organisation. Allerdings existieren dann zwei unterschiedliche Managementsteuerungssysteme und die Entscheidungsträger sind bei auftretenden Zielkonflikten zwischen den MCS in der Situation, selbst eine Gewichtung oder Balancierung vorzunehmen, ohne dass diese im Managementsteuerungssystem bereits integriert ist.

Bei diesem Ansatz konzentriert sich das nachhaltigkeitsorientierte Managementsteuerungssystem oder SCS auf die Steuerung von Prozessen zur Erreichung von sozialen und ökologischen Zielen, während sich das reguläre Managementsteuerungssystem auf die Erreichung ökonomischer Ziele fokussiert. Dabei werden wiederum zwei Ansätze verfolgt: Zum einen koexistieren beide Steuerungssysteme parallel. Dies ermöglicht eine vergleichsweise bessere Zuordnung von Verantwortung und Verfügungsrechten. So kann z.B. ein Sustainability Manager benannt und mit der Verfolgung der sozialen und ökologischen Ziele beauftragt werden. Dies ermöglicht eine im Vergleich direktere Steuerung, führt jedoch auch zu Zielkonflikten innerhalb der Organisation auf organisationaler und individueller Ebene. Einige empirische Studien zeigen einen vergleichsweise hohen Aufwand bei diesen eigenständigen Managementsteuerungssystemen und berichten von einer oftmals bestehenden Verknüpfung der variablen Vergütung mit bestehenden Managementsteuerungssystemen, jedoch nicht mit den neuen eigenständigen MCS. Die Verknüpfung von variablen Vergütungen nur mit einem System kann bei Entscheidungsträgern zu einer teilweise einseitigen Bevorzugung der regulären Managementsteuerungssysteme führen (Gond et al. 2012; Henri & Journeault 2010; Pondeville et al. 2013; Rötzel et al. 2019).

Der zweite Ansatz besteht in der Integration der nachhaltigkeitsorientierten Managementsteuerungssysteme in bestehende Managementsteuerungssysteme. Hierbei kann das bestehende Managementsteuerungssystem genutzt werden, um die nachhaltigen Unternehmensziele zu steuern und dadurch Synergien für das nachhaltigkeitsorientierte Managementsteuerungssystem zu generieren (Gond et al. 2012; Rötzel et al. 2019). Jedoch kann es in bestehenden Managementsteuerungssystemen zu der Tendenz kommen, dass nachhaltigkeitsorientierte Unternehmensziele zugunsten ökonomischer Ziele vernachlässigt oder gezielt nach wenig Aufwand ausgesucht werden. Es könnte daher einen starken Fokus auf die Umsetzung von ökonomischen Zielen geben mit der möglichen Gefahr der Marginalisierung nachhaltigkeitsorientierter Unternehmensziele (siehe Pondeville et al. 2013; Van der Byl & Slawinski 2015).

Die Integration kann durch mehrere organisationsspezifische oder situative Faktoren beeinflusst sein, insbesondere die organisationalen Ressourcen (z.B. Rehmann et al. 2021) oder den Einfluss von Stakeholdern (ICV 2022; Silva et al. 2019). Die Herausforderung für das Nachhaltigkeitscontrolling ist hierbei, wie die nachhaltigkeitsorientierte Unternehmensstrategie in die Unternehmenssteuerung überführt werden kann (Abbildung 3). Die Nachhaltigkeitsperformance von Unternehmen mit einem integrierten Managementsteuerungssystem ist tendenziell höher (Rötzel et al. 2019; Rehman et al. 2021). Dies liegt darin begründet, dass die Integration des nachhaltigkeitsorientierten Managementsteuerungssystems in das bestehende Managementsteuerungssystem zu Synergien mit bestehenden Instrumenten und zur besseren Zielerreichung führt und die Nachhaltigkeitsperformance erhöht wird, da Entscheidungsträger die nachhaltigen Unternehmensziele und die für das Managementsteuerungssystem abgeleiteten Vorgaben im bestehenden MCS besser umsetzen, sofern keine Zielkonflikte auftreten (Brown & Sundin 2013; Epstein & Roy 2001), und durch den integrierten Ansatz eine bessere Koordinierung bei Zielkonflikten durchgeführt werden kann.

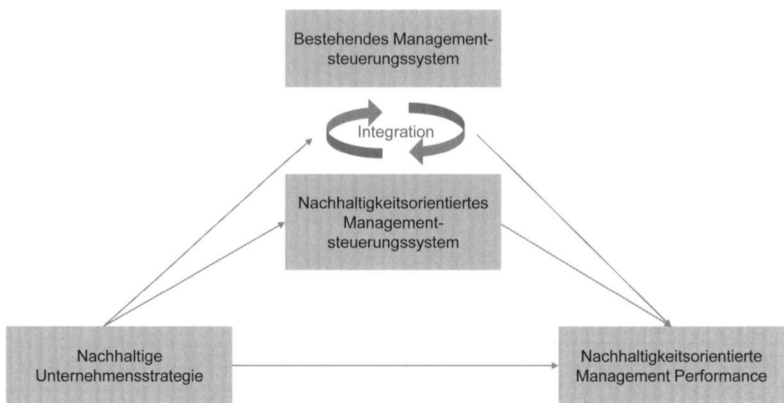

Abbildung 3: Integration von nachhaltigkeitsorientierten MCS in bestehende MCS (in Anlehnung an Rötzel et al. 2019)

In der Praxis hat sich gezeigt, dass sich Unternehmen, die sich eher an bestehenden Nachhaltigkeitsframeworks (ISO 14001, GRI, ESG etc.) orientieren, teilweise auch einen Parallelbetrieb der Steuerungssysteme bevorzugen (Rötzel et a. 2019; González-Benito et al. 2011). Dies kann mit der Komplexität der bestehenden Frameworks (auch und insbesondere deren Reportingstandards und ggf. Auditingsystem) zusammenhängen. Die dritte Green Controlling-Studie des ICV aus dem Jahr 2022 zeigt hierbei, dass die Stakeholdergruppen einen unterschiedlichen Einfluss auf die ökologischen und sozialen Aktivitäten in den Unternehmen haben (Abbildung 4).

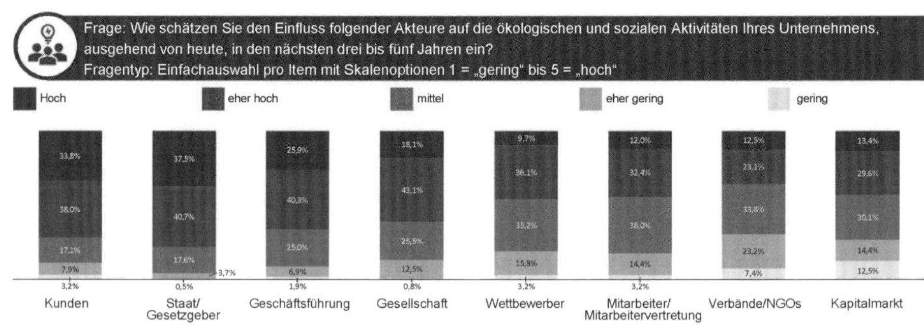

Abbildung 4: Stakeholder-Einfluss nach Stakeholder-Gruppen (Quelle: ICV 2022)

Abbildung 4 zeigt, dass Nachhaltigkeitsverhalten maßgeblich von den Stakeholdergruppen „Staat/Gesetzgeber" sowie von den Kunden und der Geschäftsführung beeinflusst wird. Je höher die gesetzlichen Anforderungen und Kundenvorgaben ausgeprägt sind, desto höher ist der Druck auf die Entscheidungsträger in Unternehmen, soziale und ökologische Ziele nachdrücklich zu verfolgen. Dabei wächst insbesondere auch im B2B-Bereich der Druck der Kunden auf die Unternehmen (Vollmer 2022).

Die Konzeption eines Managementsteuerungssystems, das die Erreichung ökonomischer, sozialer und ökologischer Ziele unterstützt, spielt für die Erreichung der strategischen Ziele eines Unternehmens eine essenzielle Rolle. Dabei wären mehrere Dimensionen in der Entscheidung hinsichtlich des Designs eines integrierten oder separaten Managementsteuerungssystems zur Erreichung der nachhaltigen Unternehmensziele relevant.

Die Unterscheidung, ob das bisherige Managementsteuerungssystem und die neu zu integrierenden Elemente in ihrer Historie teilweise unabhängig und unsystematisch gewachsen sind und aus einzelnen Instrumenten bestehen, die in gewissem Grad isoliert agieren (Management Control Package nach Malmi & Brown 2008), oder ob das bisherige Managementsteuerungssystem systematisch konzeptioniert und die einzelnen Instrumente sowie mögliche Synergien wie auch Konflikte aus- und abgewogen sind (im Sinne eines Management Control Systems: Grabner & Moers 2013; Merchant & van der Stede 2023) wäre aus Sicht der Unternehmenspraxis eher eine theoretische Frage.

Die strategische Konzeption und das operative Design eines Managementsteuerungssystems leitet sich aus der Unternehmensstrategie ab. Ob und inwiefern eine Organisation stärker auf einen stark in sich verzahnten und abgestimmten – sowie mit erheblich mehr Koordinierungsbedarf charakterisierten – systemischen Ansatz z.B. nach Merchant und van der Stede (2023) setzen sollte oder ob sich je nach Organisation auch ein eher unabhängiger und isolierter Package-Ansatz eignet, ist generalisierbar nicht zu beantworten. Auch die vorausgegangene Forschung mit konzeptionell-analytischen oder empirischen Befunden kommt hier mit gemischten Ergebnissen zu keinem klaren Bild (Guenther et al. 2016; Stehle & Pedell 2019; Rötzel et al. 2019).

Im weiteren Sinne wäre für die wirksame Umsetzung von Nachhaltigkeitsaspekten im Unternehmen die Einbindung der sozioökologischen Ziele in die Unternehmensstrategie erforderlich (Stehle & Pedell 2019; Stehle 2016; Rötzel et al. 2019). Die Identifikation und bewusste Steuerung von Zielkonflikten im integrativen Ansatz erscheint aus Umsetzungsperspektive vorteilhaft. Das Unternehmenssteuerungssystem spielt in diesem Prozess eine entscheidende Rolle (Vollmer 2022; Rehman et al. 2021) und wirkt durch die Integration der sozialen und ökologischen Ziele sowie deren Quantifizierung unmittelbar auf das Verhalten der Entscheidungsträger und Mitarbeitenden (Abbildung 5).

Abbildung 5: Prozessschritte von den Unternehmenszielen zur nachhaltigkeitsorientierten Performance (in Anlehnung an Stehle & Pedell 2019)

Eine proaktive Herangehensweise bei der Implementierung eines integrierten, nachhaltigkeitsorientierten Managementsteuerungssystems, scheint mit einer höheren Nachhaltigkeitsperformance und auch oft einer höheren ökonomischen Performance einherzugehen (Beusch et al. 2021; Wijethilake 2017; Lueg & Radlach 2016).

Nachhaltigkeitscontrolling durch Indikatoren und Kennzahlen

Neben der Herausforderung der Integration von sozialen und ökologischen Zielen in den Unternehmensteuerungskontext besteht die Herausforderung der Performance-Messung dieser Unternehmensziele. Johnstone (2019) beschreibt das Problem der Definition geeigneter KPI (Key Performance Indicators) und die Herausforderung bei der Zuordnung und Abgrenzung von Performancegrößen im Bereich der sozialen und ökologischen Ziele. Im Kontext einer Controlling-basierten und KPI-orientierten Unternehmenskultur müssen auch soziale und ökologische Ziele operationalisiert und deren Performance quantifiziert werden können. Hier gilt es darzulegen, welchen Beitrag zum Unternehmenserfolg (determiniert durch die strategischen Ziele des Unternehmens) die sozialen und ökologischen Ziele leisten.

Datenmanagement

Das Nachhaltigkeitscontrolling ist in seiner grundsätzlich kybernetischen Ausrichtung auf eine solide und robuste Datenbasis als Entscheidungsunterstützungsfunktion angewiesen. Die Datenbeschaffung wird jedoch in der aktuellen Green Controlling-Studie 2022 als eine der größten Herausforderungen bei der Realisierung von Nachhaltigkeit in Unternehmen genannt (ICV 2022). Hierbei zeigen sich immer noch deutliche Herausforderungen in den Unternehmen. Laut einer Studie des ICV (2022) existieren immer noch sehr deutliche Herausforderungen in den Bereichen Datenqualität sowie Datenverfügbarkeit (Abbildung 6).

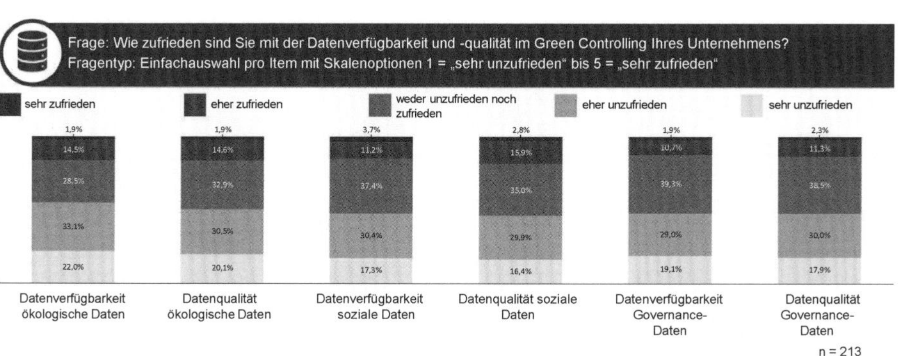

Abbildung 6: Datenverfügbarkeit und Datenqualität (Quelle: ICV 2022)

Dies wird auf eine unzureichende Vernetzung der ökologischen und sozialen Ziele mit den unternehmensinternen Datenmanagementsystemen (DMS) zurückgeführt. DMS scheinen weitestgehend auf das Reporting von ökonomischen Zielen (oder KPI) ausgerichtet zu sein. Hierbei muss jedoch kritisch hinterfragt werden, ob die dargestellten Defizite auf der generellen Datenverfügbarkeit beruhen oder ob das Zuordnungsproblem dominant ist. Folglich existieren keine Daten zur Messung von sozialen und ökologischen Zielen oder diese müssen unter erheblichen Aufwand händisch erhoben werden. Dies hat, so zeigen die Ergebnisse der Green Controlling-Studie 2022, Folgen für die Effizienz, Fehleranfälligkeit und Datenkonsistenz.

Die Entwicklung von Nachhaltigkeits-KPI spielt vor diesem Hintergrund eine entscheidende Rolle. Dient das vorhandene DMS als Basis für die Entwicklung von KPI, so kann die Datenverfügbarkeit sichergestellt und das Zuordnungsproblem umgangen werden. Dabei können jedoch bereits vorhandene Reporting-Frameworks (z.B. ESG oder GRI) unter Umständen nicht hinreichend mit Daten versorgt werden. Dienen diese Frameworks als Grundlage für die Entwicklung eigener KPI, kann dies zu einem Mismatch zwischen KPI und DMS führen. Das heißt, die notwendigen Daten existieren nicht oder können nicht automatisch zugeordnet werden. Dies führt zu einem hohen Zeitaufwand für die Datenerfassung und Datenzuordnung und wirkt sich negativ auf die Datenqualität aus (Abbildung 7).

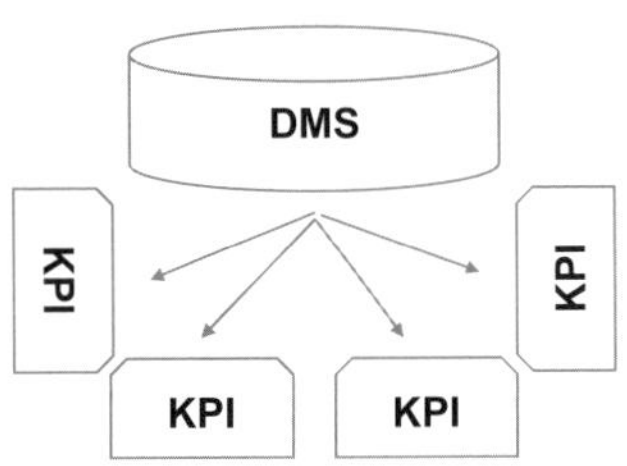

Vorteile:
+ Datenverfügbarkeit
+ Datenzuordnung

Nachteile:
- Fehlende Kompatibilität mit vorhandenen Frameworks
- Fehlende Vergleichbarkeit mit anderen Unternehmen

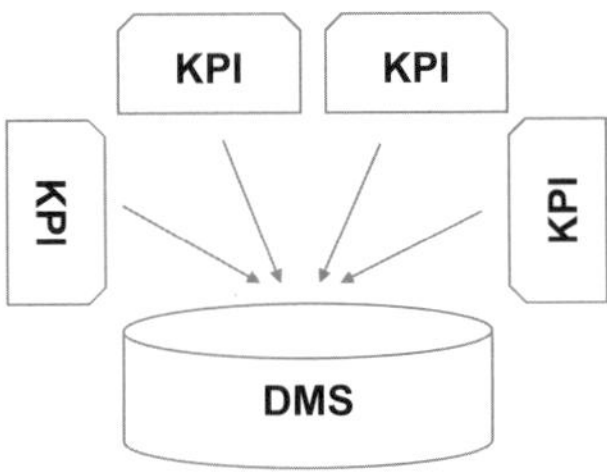

Vorteile:
+ Kompatibilität mit vorhandenen Frameworks
+ Vergleichbarkeit mit anderen Unternehmen

Nachteile:
- Ggf. fehlende Datenverfügbarkeit
- Zuordnungsproblem
- Ggf. geringe Datenqualität
- Datenerhebungsaufwand

Abbildung 7: Verhältnis der Vernetzung von Kennzahlen der ökologischen und sozialen Ziele mit den unternehmensinternen Datenmanagementsystemen

Indikatoren und Kennzahlensysteme

Kennzahlen dienen der Visualisierung und schnellen Auffassung von internen oder externen Veränderungen, die das Unternehmen betreffen. KPI werden aus der Unternehmensstrategie heraus entwickelt und dienen auch der Quantifizierung des Grades der strategischen Zielerreichung. Dabei werden KPI in ein integriertes Kennzahlensystem eingebettet und spiegeln ad hoc die Unternehmenssituation wider. Daneben werden auch Stand-alone-KPI verwendet, die nicht in einem Kennzahlensystem integriert sind und überwiegend zur Darstellung von zeitlich begrenzten oder im innerbetrieblichen Kontext losgelösten Sachverhalten dienen (zu KPI z.B. Reichmann et al. 2017; Küpper et al. 2013; Kaplan & Norton 1997).

Im Bereich der sozio-ökologischen Nachhaltigkeitsanstrengungen in Unternehmen wurden zahlreiche KPI entwickelt, um den Fortschritt in diesen Bereichen zu messen. Beispiele für KPI liefert z.B. Stepanek (2022) (Tabelle 6).

Kennzahlen der ökologischen Nachhaltigkeit	**Kennzahlen der sozialen Nachhaltigkeit**
Jährliche Emission an Treibhausgasen (CO_2-Abdruck)	Anzahl und Anteil der angestellten Mitarbeitenden
Wasserverbrauch in Liter pro Jahr	Personalstruktur im Hinblick auf Diversität und Gender, z.B. Mitarbeiterinnen oder Mitarbeiter mit Behinderung, anderem kulturellen/ethnischen Hintergrund
Energieverbrauch pro Jahr	Schulungstage pro Mitarbeiterin und Jahr
Anteil der erneuerbaren Energie	Coaching/Supervisionsstunden pro Mitarbeiter und Jahr
Wärmeenergieverbrauch nach Heizungsart	Anteil Frauen in Führungspositionen in den verschiedenen Leitungsebenen
Menge an Abfall in Kilogramm pro Jahr	Anzahl Mitarbeitende in Elternteilzeit
Anteil wiederverwertbarer Abfälle	Anteil der Männer in Väterkarenz oder Elternteilzeit
Kraftstoffverbrauch in Liter pro Jahr	Anzahl der Beschwerden bei der/dem Gleichstellungsbeauftragten
Flugmeilen pro Jahr/Mitarbeitende	Gremienstruktur im Hinblick auf Diversity und Gender
Anteil der Online-Meetings bei internationalen Meetings	Anteil der Mitarbeitendden, die an Diversity-Schulungen teilgenommen haben
Zurückgelegte Kilometer mit öffentlichen Verkehrsmitteln für Dienstwege	Anteil der jährlichen Mitarbeitergespräche
Anteil Nutzung öffentlicher Verkehrsmittel für Dienstwege	Höhe Mindestlohn

Kennzahlen der ökologischen Nachhaltigkeit	Kennzahlen der sozialen Nachhaltigkeit
Zurückgelegte Kilometer mit dem Fahrrad für Dienstwege	
Anteil der Lieferanten, die anhand von Umweltkriterien überprüft wurden	
Verbrauch von Kopierpapier und anderen Büromaterialien	
Verbrauch von Reinigungsmitteln	
Anteil der Bio-Lebensmittel	

Tabelle 6: Beispielhaften Kennzahlen aus ökologischer und sozialer Nachhaltigkeit (nach Stepanek 2022)

Diese Übersicht ermöglicht einen Eindruck über die Vielfalt der möglichen sozialen und ökologischen Kennzahlen. Hierbei wird jedoch deutlich, dass diese Kennzahlen nicht in einem integrierten Kennzahlensystem eingebunden sind und keinen Bezug zur Performance des Unternehmens haben, z.B. KPI „Verbrauch von Kopierpapier und anderen Büromaterialien". Die Einzelbetrachtung dieser Kennzahl ermöglicht keine Aussage hinsichtlich der ökologischen Performance, da hier ein Vergleichsmoment fehlt. Damit ist nicht die Entwicklung dieser Kennzahl über die Zeitlinie gemeint, sondern ein fehlender Performance-Indikator der betrieblichen Leistungserstellung. Wenn sich die Leistung des Unternehmens verändert (z.B. steigt die Produktion, werden mehr Leistungsstunden erreicht etc.), verändern sich auch die KPI im sozialen und ökologischen Bereich, d.h. ein Anstieg in der Produktion hat auch einen Anstieg im Verbrauch von Kopierpapier zur Folge, da mehr Rechnungen, Angebote etc. erzeugt werden.

Daher wird angeregt, absolute Kennzahlen, die nur einen nicht relativierten Verbrauch angeben, durch Kennzahlen zu ersetzen, die eine Verbrauchsaussage in Relation zur Unternehmensperformance liefern, z.B. Verbrauch von Kopierpapier pro erzeugter Leistungseinheit oder Verbrauch Kopierpapier in Relation zum Rohstoffeinsatz bzw. Umsatz.

Weiterhin sollte das Spannungsfeld zwischen sozialen, ökologischen und ökonomischen Zielen durch die Integration der sozialen und ökologischen Ziele in das Konstrukt der ökonomischen Ziele erreicht werden. Mithin muss die Frage beantwortet werden, welchen Beitrag die Erreichung der sozialen und ökologischen Ziele zum wirtschaftlichen Unternehmenserfolg leistet.

Diese Frage kann beantwortet werden, indem die sozialen und ökologischen Ziele auch mit ihrer Wirkung auf die Kosten bzw. den Ertrag eines Unternehmens bewertet werden. Neben dem absoluten Verbrauch von Kopierpapier, Reinigungsmitteln, Kraftstoffen, Energie, Wasser etc. sollte die Wirkung von Einsparungen auch kostenmäßig betrachtet werden (Abbildung 8).

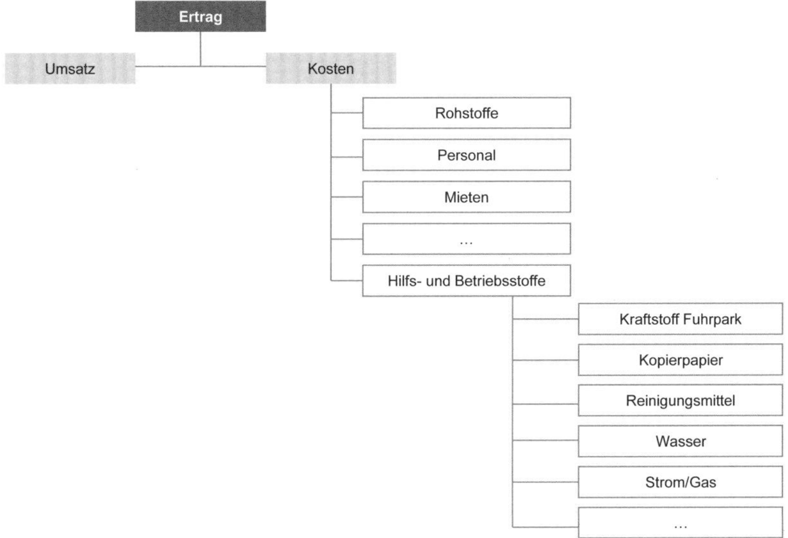

Abbildung 8: Aggregation von Kennzahlen und Kennzahlensysteme

Durch die Integration der einzelnen sozialen und ökologischen KPI in das innerbetriebliche Kennzahlensystem und deren Bewertung mit Kosten kann die Wirkung der Nachhaltigkeitsbemühungen (Einsparungen in den einzelnen Bereichen) auch finanziell visualisiert und damit auch die Performance und Wirkung dieser KPI auch den Unternehmenserfolg aufgezeigt werden.

Kapitel 5: Nachhaltigkeitskommunikation

von Sarah Bärsch, Yu-Shan Lin Feuer und Remmer Sassen

Nachhaltigkeitskommunikation kann verschiedenste Formen annehmen. Sie kann innerhalb des Unternehmens stattfinden oder externe Bezüge aufweisen. Zudem kann sie auf unterschiedlichen Kanälen und über verschiedene Medien stattfinden (z.B. Webauftritte, Newsletter, Siegel, Veranstaltungen, Vorträge, etc.). Von besonderer Bedeutung scheint jedoch, besonders vor dem Hintergrund der aktuellen regulatorischen Entwicklungen, die Kommunikation zu Nachhaltigkeitsthemen in Form einer strukturierten Berichterstattung zu sein. Dementsprechend liegt der Fokus dieses Kapitels auf der sogenannten Nachhaltigkeitsberichterstattung, indem vier W-Fragen beantwortet werden, die in diesem Bereich häufig gestellt werden.

Auf den folgenden Seiten wird zunächst ein kurzer Überblick über die Entwicklung und die regulatorischen Hintergründe der Nachhaltigkeitsberichterstattung gegeben (Warum?). Darauf folgt eine Darstellung der wichtigsten Formen der Nachhaltigkeitsberichterstattung (Wie?). Auch, wenn eine umfassende Darstellung aller Standards und Instrumente im Rahmen des Beitrags nicht möglich ist, soll ein Einblick diesbezüglich ermöglicht werden (Welche Standards und Instrumente?). Zuletzt wird ein Ausblick in zukünftige Entwicklungen gegeben (Was kommt zukünftig auf die Unternehmen zu?).

Warum sollten Unternehmen über ihre Nachhaltigkeitsaktivitäten berichten?

Grundsätzlich kann zwischen freiwilliger und verpflichtender Nachhaltigkeitsberichterstattung unterschieden werden. Eine freiwillige Nachhaltigkeitsberichterstattung bietet Unternehmen vielfältige Vorteile, wenn sie Nachhaltigkeit in ihre täglichen Geschäftstätigkeiten integrieren (Kapitel 1). Die verpflichtende Nachhaltigkeitsberichterstattung geht mit nationalen oder internationalen Regelungen einher. Die Corporate Sustainability Reporting Directive (CSRD) als

Nachfolgerin der Non-Financial Reporting Directive (NFRD) legt fest, welche Unternehmen zu ihren Nachhaltigkeitsaktivitäten berichten müssen (Europäische Union 2022). Begleitend wird ein Nachhaltigkeitsberichterstattungsstandard, der European Sustainability Reporting Standard (ESRS), erstellt, nach dem ein bestimmter Anwenderkreis berichten muss. Parallel dazu müssen auch Angaben zur EU-Taxonomie gemacht werden (Kapitel 2).

Die Anfänge der Nachhaltigkeitsberichterstattung können in den 1970er-Jahren verortet werden. Ausgehend von den gesteigerten Informationsbedürfnissen der Adressaten entwickelte sich zunächst die Sozialberichterstattung (Herzig und Schaltegger 2011; S. 153 ff.). Neben der Sozialberichterstattung gewann die Umweltberichterstattung mit der Zeit immer mehr an Bedeutung. Mit Ende der 1990er-Jahre kam es zunehmend zur sogenannten Nachhaltigkeitsberichterstattung, in der sich die ökologische, die soziale sowie die ökonomische Dimension vereinten. Laut Herzig und Schaltegger (2011) lassen sich dabei drei Strategien der (externen) Nachhaltigkeitsberichterstattung unterscheiden:

1. Unterschiedliche stakeholder- bzw. themenspezifische Berichte wie z.B. Umwelterklärungen.
2. Eigenständige Nachhaltigkeitsberichte zu verschiedenen Nachhaltigkeitsdimensionen, unabhängig von der finanziellen Berichterstattung.
3. Integrierte Berichte: Finanzberichte werden in der integrierten Berichterstattung um soziale und ökologische Informationen erweitert (Herzig und Schaltegger 2011; S. 155 f. – Weitere Informationen siehe Abschnitt 3).

Auf den Spuren für die Begründung der zunächst freiwilligen Nachhaltigkeitsberichterstattung können unterschiedliche Erklärungsmuster herangezogen werden (Herzig und Pianowski 2013; S. 338 ff.). Zum einen kann die Nachhaltigkeitsberichterstattung entsprechend der Informationsökonomik einen Beitrag zum Abbau von Informationsasymmetrien zwischen den Unternehmen und ihren Stakeholdern leisten. Im Rahmen dieser Theorie können auch Signale ausgesandt werden, die einen Rückschluss darauf zulassen, wie glaubwürdig die veröffentlichte Information ist. Die Legitimitätstheorie geht davon aus, dass dem Unternehmen die sogenannte „license to operate" gewährt werden muss. Das heißt, dass unternehmerisches Handeln den Stakeholdern gegenüber legitimiert werden muss. Die Kommunikation über dieses Handeln muss dabei möglichst glaubwürdig und mit dem eigentlichen Handeln konsistent sein. Inzwischen wird die Nachhaltigkeitsberichterstattung auch im Rahmen des Risiko- und Reputationsmanagements beachtet. Eng damit im Zusammenhang steht auch die Business Case-Perspektive, der zufolge sich unter anderem die Nachhaltigkeitsberichterstattung positiv auf den wirtschaftlichen Erfolg eines Unternehmens auswirken kann. Herzig und Pianowski (2013) weisen darauf hin, dass es hier noch einige weitere theoretisch-konzeptionelle Perspektiven gäbe wie etwa die Critical Theory, die Institutionentheorie beziehungsweise Medien- oder Informationssystemtheorien. Grundsätzlich seien diese Sichtweisen jedoch eng miteinander verwoben und eine umfassende Darstellung würde den Rahmen dieses Kapitel sprengen.

Dienes et al. (2016) untersuchten wesentliche Treiber für die Nachhaltigkeitsberichterstattung. Dabei kamen sie zu folgenden Ergebnissen:

- Unternehmensgröße – tendenziell positiver Einfluss,
- Profitabilität – sowohl positiver als auch negativer Einfluss möglich,
- Kapitalstruktur – sowohl positiver als auch negativer Einfluss möglich,
- Medienpräsenz – positiver Einfluss,
- Corporate Governance-Struktur – sowohl positiver als auch negativer Einfluss möglich,
- Eigentümerstruktur – tendenziell positiver Einfluss,
- Unternehmensalter – sowohl positiver als auch negativer Einfluss möglich.

Betont werden sollte auch, dass es unterschiedliche Adressaten der Nachhaltigkeitsberichterstattung gibt. Während die Stakeholder-Orientierung ein entscheidendes Merkmal für die Nachhaltigkeitsberichterstattung ist, fokussieren aktuelle Maßnahmen im Rahmen des EU Green Deals insbesondere auf Finanzmarktakteure, die zunehmend Nachhaltigkeitsaspekte in ihre Investitionsentscheidungen integrieren müssen.

Zusammenfassend gibt es folgende Gründe für Unternehmen, über ihre Nachhaltigkeitsaktivitäten zu berichten:

- regulative Anforderungen,
- Abbau von Informationsasymmetrien,
- Aufrechterhaltung der „(social) license to operate",
- Risiko- und Reputationsmanagement.

Wie können Unternehmen ihre Nachhaltigkeitsleistung offenlegen und darüber berichten?

Angesichts wachsender regulatorischer Anforderungen und finanzieller Herausforderungen intensivieren Unternehmen ihre Anstrengungen hinsichtlich der Nachhaltigkeitsberichterstattung und stellen vielfältige Informationen zur Verfügung. Das dient dazu den Bedürfnissen der Stakeholder gerecht zu werden. Dieser Trend trägt dazu bei, die positiven Beiträge und negativen Auswirkungen der Erbringung von Dienstleistungen oder der Herstellung von Produkten transparent zu machen. Darüber hinaus kann die nichtfinanzielle Berichterstattung als Kanal für die Kommunikation mit den jeweiligen Stakeholder-Gruppen dienen. Eine Studie von KPMG zeigt, dass der Anteil der nichtfinanziellen Berichterstattung in jedem Kontinent jährlich steigt (KPMG 2022, S. 3 f.). Unternehmen nutzen bei der Offenlegung nichtfinanzieller Informationen verschiedene Begriffe, beispielsweise „CSR-Bericht", „Nachhaltigkeitsbericht" oder „ESG-Bericht. Die wichtigsten Formen werden im folgenden Abschnitt vorgestellt.

- **Nicht-finanzielle Berichterstattung oder Nachhaltigkeitsberichterstattung**

Die Nachhaltigkeitsberichterstattung konzentriert sich auf alle drei wesentlichen Elemente, d.h. auf die sozialen (z.B. Menschenrechte und Arbeitsnehmerrechte), ökologischen (z.B. Klimawandel, Biodiversitätsverlust und Ressourcennutzung) und wirtschaftlichen (z.B. nachhaltiger Konsum und Wirtschaftswachstum) Auswirkungen der Unternehmen, um ihre Beiträge zur Verwirklichung einer nachhaltigen Entwicklung aufzuzeigen. Dieses Konzept entstand Mitte bis Ende der 1990er-Jahre teilweise unter dem Einfluss des von Elkington (1997) vorgeschlagenen Begriffs der „Triple Bottom Line". Daher kann die Nachhaltigkeitsberichterstattung auch als die umfassendste Form der Unternehmensberichterstattung betrachtet werden, die alle drei Aspekte der „Triple Bottom Line" abdeckt, also ein Bericht, der alle wesentlichen Themen der genannten Sozial-, Umwelt- und Finanzberichte umfasst. Darüber hinaus ist erwähnenswert, dass die Nachhaltigkeitsberichterstattung nicht nur von der Privatwirtschaft, sondern auch von öffentlichen Einrichtungen und Nichtregierungsorganisationen angewendet wird, um transparent zu machen, wie sie zur nachhaltigen Entwicklung beitragen. Zu den Vorteilen der Nachhaltigkeitsberichterstattung von Unternehmen gehören der Erhalt der sogenannten social license to operate, der Erwerb eines guten Rufs und die Minimierung von Risiken, die Schaffung von Unterscheidungsmerkmalen gegenüber Wettbewerbern sowie die Entwicklung der Wettbewerbsfähigkeit (Herzig und Schaltegger 2006).

- **Umwelterklärung im Rahmen von EMAS**

Umwelterklärungen sind im Rahmen der Anwendung des Umweltmanagementsystems EMAS zu veröffentlichen. Im Gegensatz zur ISO 14001 Zertifizierung, schreibt die Zertifizierung nach EMAS die Veröffentlichung einer Umwelterklärung vor (EMAS o.D.). Die Mindestinhalte der Umwelterklärung umfassen:

- Beschreibung der Organisation,
- Tätigkeiten, Produkte und Dienstleistungen der Organisation,
- Leitbild und bedeutende Umweltaspekte,
- Umweltprogramm mit der Beschreibung der Umweltzielsetzung,
- Daten über die Umweltleistung bezogen auf die bedeutenden Umweltauswirkungen und die Kernindikatoren,
- Benennung der wichtigsten rechtlichen Umweltvorschriften und ein Nachweis über deren Einhaltung sowie
- Name und Zulassungsnummer des Umweltgutachters bzw. der Umweltgutachterin und das Datum der Validierung.

Entsprechend ist die Umwelterklärung je nach Branche, Unternehmensgröße sowie Schwerpunkten unterschiedlich umfangreich. Die Veröffentlichung der Umwelterklärung kann integriert erfolgen, das bedeutet, dass sie im Rahmen anderer Unternehmensberichte veröffentlicht werden kann. Dabei ist jedoch zu beachten, dass nur die Inhalte der Umwelterklärung validiert werden.

- **PRI und ESG-Berichterstattung**

Mit der zunehmenden Bereitschaft, jährlich eigenständige Nachhaltigkeitsberichte zu veröffentlichen, wurden verschiedene Konzepte und Begriffe entwickelt. Diese sollen den Unternehmen helfen, ihre Berichtsinhalte zu standardisieren und sie mit den Berichten anderer Berichtsjahre oder Unternehmen vergleichbar zu machen. Einer der verbreitetsten Begriffe ist die so genannte Umwelt-, Sozial- und Governance- (ESG) Berichterstattung, die von den Vereinten Nationen im Jahr 2006 mit der Veröffentlichung der Principles for Responsible Investing (PRI) eingeführt wurde. Die ESG-Berichterstattung soll Unternehmen helfen, sich auf ihre Auswirkungen auf die Umwelt, die

Gesellschaft und die Unternehmensführung zu konzentrieren. Sie unterstützt Unternehmen auch dabei, die Risiken und Chancen, denen es ausgesetzt ist, transparent darzustellen. Die ESG-Berichterstattung wird vor allem auf dem Finanzmarkt eingesetzt, wo ESG-Ratings den Stakeholdern, insbesondere den Anlegern, eine ganzheitlichere Bewertung ermöglichen, die auch Nachhaltigkeitsaspekte bei Investitionen berücksichtigt. Unter den jeweiligen ESG-Risiken weist KPMG (2022) darauf hin, dass Umweltrisiken von den nationalen Spitzenunternehmen am häufigsten gemeldet werden, wobei die Auswirkungen des Klimawandels als dramatisch aufgezeigt wurden. Allerdings werden Risiken meist nur narrativ und ohne Quantifizierung offengelegt (KPMG 2022).

- **Nachhaltigkeitsberichterstattung und die SDGs**

Seit die Vereinten Nationen im Jahr 2016 die Agenda 2030 mit der Forderung nach 17 Zielen für nachhaltige Entwicklung (SDGs) eingeführt haben, orientieren sich viele Unternehmen in ihren Nachhaltigkeitsberichten an diesen Zielen, die ihnen als wichtige Orientierung dienen und zur Erreichung der SDGs beitragen sollen. Diese 17 Ziele mit 169 verabschiedeten Zielvorgaben decken alle drei Dimensionen der Nachhaltigkeit ab und werden daher häufig als Grundlage für die Entwicklung von Nachhaltigkeitsstrategien von Unternehmen genutzt. KPMG (2022) verweist hierbei auf ein zunehmendes Wachstum. Seit Einführung der SDGs berichten mehr als 70 Prozent der führenden nationalen Unternehmen und Konzerne weltweit über ihren Beitrag zu den SDGs. Unter allen 17 Zielen sind SDG 8 (Menschenwürdige Arbeit und Wirtschaftswachstum), SDG 13 (Maßnahmen zum Klimaschutz) und SDG 12 (Nachhaltiger Konsum und Produktion) die Ziele mit der höchsten Priorität, die von den führenden nationalen Unternehmen als am relevantesten eingestuft werden (KPMG 2022).

- **Kombination aus finanzieller und nicht-finanzieller Berichterstattung: integrierte Berichterstattung**

Die integrierte Berichterstattung kann als eine relativ neue Form der Berichterstattung angesehen werden. Diese wurde im Jahr 2013 vom International Integrated Reporting Committee (IIRC) mit der Veröffentlichung des ersten Entwurfs für die Erstellung eines integrierten Berichts und den darin enthaltenen Angaben eingeführt. Die integrierte Berichterstattung ist ein ganzheitliches Konzept, das sowohl die traditionelle Finanzberichterstattung (z.B. Bilanz oder

Kapitalflussrechnung) als auch nichtfinanzielle Berichtselemente (z.B. Nachhaltigkeitsberichterstattung und Aspekte der ESG) umfasst. Dies könnte zur finanziellen Stabilität der Unternehmen und zu einer nachhaltigen Entwicklung beitragen. Der Schwerpunkt der integrierten Berichterstattung liegt auf der Darstellung des Geschäftsmodells und der Strategie des Unternehmens. Zu den Grundsätzen der integrierten Berichterstattung gehören:

- Konzentration auf Strategien und Zukunftsorientierung,
- Verknüpfung der verschiedenen relevanten Informationen,
- Berücksichtigung der Bedürfnisse und Interessen der wichtigsten Stakeholder,
- Bereitstellung prägnanter Informationen zu den wesentlichen Themen,
- Vermittlung sowohl positiver als auch negativer Informationen und
- Ermöglichung von Vergleichen im Zeitverlauf und mit anderen Organisationen (IIRC 2013, S. 6).

Welche Standards und Instrumente können für die Nachhaltigkeitsberichterstattung angewandt werden?

Auf internationaler und nationaler Ebene gibt es derzeit verschiedene Formen und Standards, die Unternehmen bei der Veröffentlichung ihrer eigenständigen Nachhaltigkeitsberichterstattung unterstützen (Abbildung 9). Dieser Abschnitt konzentriert sich auf die bestehenden, am häufigsten verwendeten Standards auf verschiedenen Ebenen und geht näher darauf ein, wie die Standards den Unternehmen helfen können, ihre veröffentlichten Informationen in der Nachhaltigkeitsberichterstattung zu organisieren.

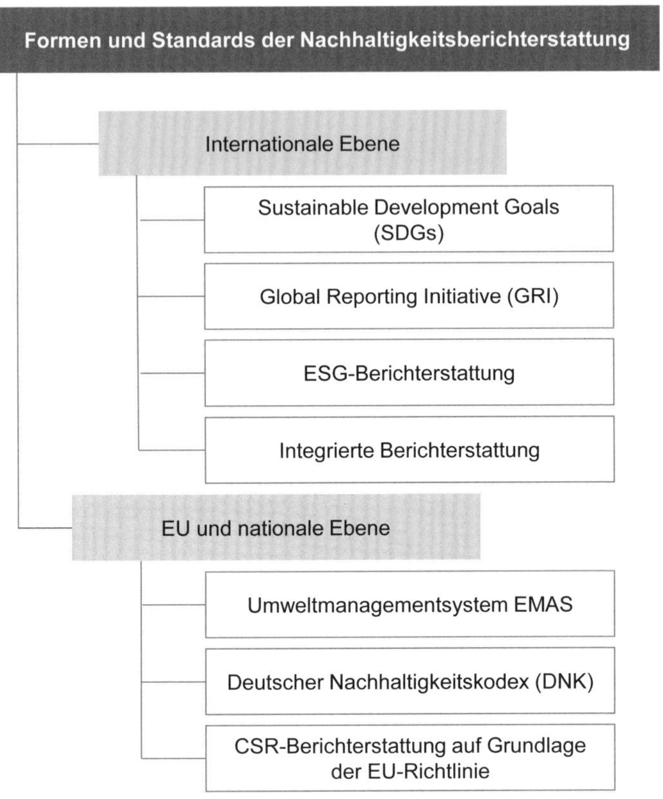

Abbildung 9: Formen und Standards der Nachhaltigkeitsberichterstattung (Auszug; Quelle: eigene Darstellung)

- **Die Global Reporting Initiative (GRI)**

Die GRI-Standards wurden 1997 in Boston (USA) unter dem Einfluss der Umweltschäden durch das Schiffsunglück der Exxon Valdez gegründet (GRI 2023) und gehören nach wie vor zu den meistgenutzten Standards. Daher konzentrierten sich die GRI-Standards anfangs hauptsächlich auf ökologische Aspekte, die dann nach und nach um soziale, wirtschaftliche und Governance bezogene Aspekte erweitert wurden. Neben den SDGs und den Empfehlungen der Task Force on Climate-related Financial Disclosures (TCFD) bilden sie eine wichtige Grundlage für die Nachhaltigkeitsberichterstattung von Unternehmen (KPMG 2022). Die Nutzung der Standards der GRI bildet eine Form der freiwilligen Berichterstattung ab, die die Möglichkeit bietet, einen Auditierungsprozess zu durchlaufen, der die Glaubwürdigkeit erhöhen kann. Die GRI-Standards umfassen drei verschiedene Arten von Standards (siehe Abbildung 10):

1. **Universelle Standards:** Diese Standards gelten für alle Organisationen und decken die Bereiche Grundlagen, allgemeine Angaben und wesentliche Themen ab. Sie bilden damit den Rahmen für die branchenspezifischen bzw. themenspezifischen Standards.
2. **Branchenstandards:** Diese Standards sind für verschiedene Sektoren entwickelt worden, die sich speziell auf ihre wesentlichen Themen konzentrieren und darauf abzielen, die Qualität, Vollständigkeit und Konsistenz der Berichterstattung von Organisationen zu verbessern.
3. **Themenstandards:** Diese Standards enthalten Angaben zu spezifischen bedeutsamen Themen wie Abfall, Verlust der Biodiversität und Arbeitssicherheit, um Organisationen beim Management und der Berichterstattung über die damit verbundenen Auswirkungen zu unterstützen. (GRI 2021a, S. 2–4)

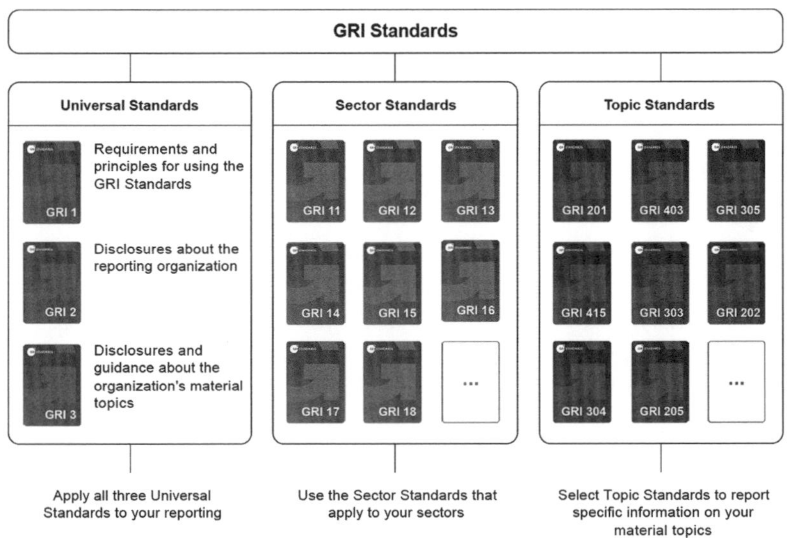

Abbildung 10: GRI-Standards: universelle, sektorale und thematische Standards (Quelle: GRI 2021a, S. 3)

• Prinzipien der Berichterstattung der GRI

Die von der GRI herausgebrachten Standards gelten im Bereich der unternehmerischen Nachhaltigkeitsberichterstattung als de facto Standards. Diese wurden über einen langfristigen Prozess unter Einbeziehung von diversen Stakeholdergruppen erarbeitet. Die Standards liefern ein umfangreiches Indikatorenset mit über 100 Indikatoren. Um in Übereinstimmung mit den GRI-Standards berichten zu können, müssen folgende Prinzipien beachtet werden:

- Genauigkeit: Ausreichend genau und detailliert, um eine Beurteilung zu ermöglichen,
- Ausgewogenheit: Berichterstattung über positive und negative Aspekte,
- Verständlichkeit: verständliche und zugängliche Darstellung,
- Vergleichbarkeit: einheitliche Auswahl, Zusammenstellung und Offenlegung von Informationen; Möglichkeit zur Analyse von Änderungen der Leistung im Zeitverlauf und Vergleich mit anderen Organisationen,
- Vollständigkeit: Bewertung der Auswirkungen während des Berichtszeitraums muss ermöglicht werden,
- Nachhaltigkeitskontext: Auswirkungen müssen in den weiteren Kontext der nachhaltigen Entwicklung gestellt werden,
- Aktualität: regelmäßige und rechtzeitige Bereitstellung von Informationen, sodass Entscheidungen darauf basierend getroffen werden können,
- Prüfbarkeit: Sammlung, Aufzeichnung, Zusammenstellung und Analyse der Informationen muss so erfolgen, dass Qualität geprüft werden kann (GRI 2021b, S. 20–24).

Anders als die finanzielle Berichterstattung richtet sich die Nachhaltigkeitsberichterstattung nicht an eine Adressatengruppe mit relativ homogenen Interessen und Kenntnissen, sondern an eine, je nach den Ergebnissen der Stakeholderanalyse, sehr heterogene Gruppe. Hier wird es also oftmals schwierig sein abzuwägen, ab wann die Inhalte für alle angesprochenen Stakeholder verständlich sind bzw. wo eine Grenze zu ziehen ist, um die Übersichtlichkeit des Berichts zu wahren.

Eine weitere Herausforderung stellt die Kompatibilität zwischen dem Nachhaltigkeitskontext und der Vergleichbarkeit dar. Für unterschiedliche Nachhaltigkeitsaspekte wurden unterschiedliche Messmethoden und Skalen entwickelt, wodurch eine Vergleichbarkeit, zumindest zwischen Unternehmen, häufig nicht gegeben ist. Eine einheitliche Verwendung von Bewertungsmethoden kann zumindest die Vergleichbarkeit zwischen den Berichtsjahren sicherstellen.

Aufgrund der Komplexität der Prinzipien sind sie also nicht ohne Weiteres umsetzbar. Nichtsdestotrotz macht es Sinn, diese bei der Erstellung eines Nachhaltigkeitsberichts zu beachten und sich zumindest so weit wie möglich daran zu halten, da dadurch auch die Glaubwürdigkeit gestärkt werden kann. Gerade diese ist es doch, die bei der Nachhaltigkeitsberichterstattung gefordert wird und besonders schwer zu erreichen ist (Stichwort Greenwashing – siehe unten *Erkennung von Greenwashing in der Nachhaltigkeitsberichterstattung*).

- **Der Deutsche Nachhaltigkeitskodex (DNK)**

Der DNK wurde im Jahr 2010 vom Rat für Nachhaltige Entwicklung (RNE) (Beratungsgremium der deutschen Bunderegierung) entwickelt. Ziel ist es mit diesem Instrument einen niedrigschwelligen Einstieg in die Nachhaltigkeitsberichterstattung zu ermöglichen. Mit seinen 20 Kriterien soll er eine Struktur sowie Orientierung bei der Erstellung eines Nachhaltigkeitsberichts beziehungsweise der Status-quo-Analyse der nachhaltigkeitsbezogenen Aktivitäten für die Berichtersteller bieten. Diese kann als Ausgangspunkt für die Entwicklung von Strategien, Zielen und Maßnahmen genutzt werden.

Die Anwendung des DNK ist ebenso wie die der GRI-Standards freiwillig. Die Anwenderunternehmen können einen formalen Prüfprozess durchlaufen, wodurch das Signet für die Unternehmenskommunikation genutzt werden kann.

Abbildung 11: Struktur des Deutschen Nachhaltigkeitskodex (Quelle: RNE 2020)

Wie in Abbildung 11 verdeutlicht wird, sind die 20 Kriterien des DNK in das übergeordnete Nachhaltigkeitskonzept und in die Nachhaltigkeitsaspekte gegliedert. Zentral im Bereich des Nachhaltigkeitskonzepts ist die Offenlegung der Wesentlichkeitsanalyse, die den Ausgangspunkt für die strategische Ausrichtung sowie Nachhaltigkeitsziele bilden sollte. Ebenso zum Konzept zählt auch das Prozessmanagement, wo dargestellt werden soll, wie Nachhaltigkeitsaspekte verankert sind, wer zuständig ist und wie Stakeholder eingebunden werden. In 10 Kriterien sollen die Unternehmen näher zu den Nachhaltigkeitsaspekten berichten, die im DNK in die Bereiche Umwelt und Gesellschaft unterteilt sind. Zusätzlich zu den 20 Kriterien des DNK können Unternehmen wählen, ob sie zu ausgewählten Leistungsindikatoren der GRI oder der EFFAS berichten.

Für alle Kriterien und Leistungsindikatoren gilt das „comply-or-explain"-Prinzip. Das bedeutet, dass Unternehmen entweder die Anforderungen des Kriteriums/Leistungsindikators erfüllen können und entsprechend berichten oder erläutern müssen, sollte das Unternehmen nicht zum Kriterium/Indikator berichten können. Dies kann der Fall sein, wenn der Nachhaltigkeitsaspekt im Rahmen der Wesentlichkeitsanalyse als nicht wesentlich identifiziert wurde. Sofern dem Unternehmen noch keine ausreichende Datenbasis vorliegt, um die Anforderung zu erfüllen, kann dies angegeben werden. Hier ist jedoch offenzulegen, welche Schritte zukünftig geplant sind, um eine ausreichende Datenbasis zu schaffen. Weitere Gründe, beispielsweise bezüglich erheblicher Einschränkungen im Rahmen des Wettbewerbs, sind ebenfalls zulässig.

Vor- und Nachteile von Reporting-Standards

Am Markt existieren sehr viele Standards, die Unternehmen zur Strukturierung ihrer Nachhaltigkeitsberichterstattung nutzen können. Im Rahmen dieses Kapitels konnte nur ein Ausschnitt daraus vorgestellt werden. Zusammenfassend soll jedoch kurz auf die Vor- und Nachteile der Nutzung von Standards zur Nachhaltigkeitsberichterstattung eingegangen werden (Fifka 2014a).

Vorteile für Stakeholder:

- Einschränkung der Selektionsmöglichkeiten der Unternehmen über welche Themen berichtet wird,

- Erhöhung der Vergleichbarkeit durch (zumindest branchenintern) gleiche Leistungsindikatoren, insb. für quantitative Indikatoren.

Vorteile für Unternehmen:

- Erhöhung der Glaubwürdigkeit,
- Differenzierung von Konkurrenten,
- Steuerungsfunktion im Rahmen der internen Berichterstattung.

Nachteile von Reporting Standards:

- Hoher Aufwand,
- technisches Know-how erforderlich,
- finanzielle und personelle Ressourcen erforderlich.

- **Sicherstellung der Datenvalidität durch Auditing**

Durch die Anwendung der erwähnten nationalen und internationalen Standards kann das Vertrauen in die offengelegten Informationen gesteigert werden. Dies wird insbesondere dann erreicht, wenn die offengelegten Informationen im Rahmen einer Auditierung validiert werden. Diese Überprüfung soll dem sogenannten „Greenwashing" entgegenwirken, insbesondere dann, wenn sie extern durchgeführt wird. Daher bemühen sich immer mehr Unternehmen um eine unabhängige externe Prüfung ihrer Nachhaltigkeitsberichte, um die Glaubwürdigkeit der berichteten Inhalte zu erhöhen (KPMG 2022).

- **Erkennung von Greenwashing in der Nachhaltigkeitsberichterstattung**

Irreführende oder falsche Informationen in Nachhaltigkeitsberichten oder über Umweltpraktiken oder -leistungen eines Unternehmens werden häufig als „Greenwashing" bezeichnet. Greenwashing kann zu Misstrauen bei den Stakeholdern führen, was den Verlust von Reputation und Marktanteilen zur Folge haben kann. In ihrer Studie konnten Doan und Sassen (2020) einen schwachen und negativen Zusammenhang zwischen Umweltberichterstattung und Umweltperformance zeigen. Das bedeutet, dass eine ausgeprägte Umweltberichterstattung nicht auf eine hohe Umweltperformance hindeutet. Obwohl hier nicht von Greenwashing ausgegangen werden muss, zeigt diese Studie, neben weiteren, dass Unternehmen mit geringeren (Umwelt-) Leistungen, dies über die (Umwelt-)Kommunikation kompensieren.

Die Grenze zum Greenwashing ist häufig schmal. Das Umweltmarketingunternehmen TerraChoice (2009) hat eine Klassifizierung verschiedener möglicher Greenwashing-Handlungen erstellt, die als die „Seven Sins of Greenwashing" bezeichnet werden, um den Kunden zu helfen, Produkte mit irreführenden Angaben zu erkennen. Die sieben Kriterien sind nachstehend aufgeführt (TerraChoice 2009):

1. **Hidden Trade-off:** Eine Behauptung, die besagt, dass ein Produkt auf der Grundlage einer begrenzten Anzahl von Eigenschaften umweltfreundlich ist, ohne dass andere wichtige Umweltaspekte berücksichtigt werden. Zum Beispiel ist Papier nicht unbedingt umweltfreundlicher, weil es aus einem nachhaltig bewirtschafteten Wald stammt.
2. **No Proof:** Eine umweltbezogene Angabe, die nicht durch leicht zugängliche Informationen oder eine zuverlässige Zertifizierung durch Dritte belegt ist. Beispiele hierfür sind die Behauptung, dass Papierprodukte einen bestimmten Prozentsatz an recyceltem Inhalt aufweisen, ohne dass dies nachgewiesen wird.
3. **Vagueness:** Eine Angabe, die so unzureichend definiert oder so weit gefasst ist, dass ihre tatsächliche Bedeutung vom Verbraucher wahrscheinlich missverstanden wird. Zum Beispiel die Behauptung, ein Produkt sei "100 % natürlich".
4. **Worshiping False Labels:** Ein Produkt, das entweder durch Worte oder Bilder den Eindruck erweckt, dass es von Dritten unterstützt wird, obwohl dies nicht der Fall ist, wie z.B. ein gefälschtes Label.
5. **Irrelevance:** Eine Umweltaussage, die zwar der Wahrheit entspricht, aber für Verbraucher, die umweltfreundliche Produkte suchen, unwichtig oder wenig hilfreich ist. Fluorchlorkohlenwasserstoffe (FCKW)-frei ist ein gängiges Beispiel, da diese Angabe häufig gemacht wird, obwohl FCKW im Rahmen des Montrealer Protokolls verboten sind.
6. **Lesser of Two Evils:** Eine Behauptung, die innerhalb der Produktkategorie zutreffen kann, aber die Gefahr birgt, dass der Verbraucher von den größeren Umweltauswirkungen der Kategorie als Ganzes abgelenkt wird, wie z.B. das Produkt Bio-Zigaretten.
7. **Fibbing:** Umweltbezogene Angaben, die schlichtweg falsch sind, wie bei Produkten, die behaupten, ENERGY STAR®-zertifiziert oder -registriert zu sein, was sie aber nicht sind.

Diese Auflistung kann sowohl auf Unternehmens- als auch auf Verbraucherseite als Orientierung dienen, wo Anhaltspunkte für „Greenwashing" gegeben sind. Damit können Nachhaltigkeitsaussagen bewertet werden, die auf den Produkt- oder Dienstleistungsbeschreibungen der Unternehmen sowie in ihren veröffentlichten Berichten stehen.

Was kommt zukünftig auf die Unternehmen im Bereich der Nachhaltigkeitsberichterstattung zu?

European Sustainability Reporting Standards

Wie bereits in Abschnitt 2 erwähnt, ist die zukünftige Nachhaltigkeitsberichterstattung geprägt von zunehmender Regulierung. Im Rahmen der CSRD werden die ESRS entwickelt und bilden somit einen verpflichtenden Nachhaltigkeitsberichtserstattungsstandard ab. Aktuell (Mai 2023) sind die Standardsets noch in Arbeit. Zunächst wurden die sektorübergreifenden Standardsets, die unabhängig von der Branche für alle Unternehmen ab einer gewissen Größe anwendbar sein sollen, entwickelt (EFRAG o.D.) Ergänzend dazu werden sektorspezifische Standards erarbeitet (EFRAG 2022a) sowie ein Standardset, welches für börsennotierte KMU (EFRAG 2022b) anwendbar sein wird. Ebenso ist ein Standard für die freiwillige Berichterstattung von KMU angedacht (EFRAG 2022c).

Der Entwurf vom November 2022 enthielt zwei Standards zu „General requirements" sowie „General disclosures"; fünf umweltbezogene Standards zu „Climate change", „Pollution", „Water and marine resources", „Biodiversity and ecosystem services" und „Resource use and circular economy" sowie vier Sozialstandards zu „Own workforce", „Workers in the value chain", „Affected communities" und „Consumers and end users" sowie einen Governance bezogenen Standard zu „Business Conduct" und sechs Appendizes zur näheren Erläuterung (ebd.).

Während in der Finanzberichterstattung auf etablierte Regelungen zur Ziehung der Berichtsgrenzen sowie zu Bewertungsmaßstäben zurückgegriffen werden kann, ergeben sich für Unternehmen diesbezüglich im Zusammenhang mit der Nachhaltigkeitsberichterstattung neue Herausforderungen. Insbesondere durch die Berichterstattung über Wertschöpfungsketten hinweg sind Unternehmen auf eine weitreichendere Informationsweitergabe durch vorgelagerte Wertschöpfungsstufen angewiesen. Daher ist davon auszugehen, dass insbesondere auch KMU, die sich bisher weniger mit Nachhaltigkeitsberichterstattung beschäftigt haben, bezüglich bestimmter Informationen indirekt von der Berichtspflicht betroffen sind.

Herausforderungen der Nachhaltigkeitsberichterstattung

Bis heute gibt es immer noch Unternehmen, die mit der Veröffentlichung von Nachhaltigkeitsberichten zögern. Dies kann folgende Gründe haben:

- Mangelndes Know-how, da Nachhaltigkeitsthemen sehr komplex sind, oder fehlende Ansprechpartner, die sie bei der Berichterstattung über ihre Nachhaltigkeitsaktivitäten unterstützen,
- fehlende Ressourcen oder Kapazitäten, um alle relevanten Informationen zusammenzustellen,
- keine Bereitschaft zur Berichterstattung über einige Nachhaltigkeitsthemen aufgrund von Datenschutz, Wettbewerb oder fehlenden Informationen und
- nicht genügend Druck von Interessengruppen, die die Offenlegung von Nachhaltigkeitsinformationen fordern.

Für große Unternehmen könnte die Nachhaltigkeitsberichterstattung aufgrund der hohen Medienpräsenz und der Unternehmensgröße bereits obligatorisch sein (Dienes et al. 2016). Es ist jedoch interessant zu sehen, wie kleine und mittlere Unternehmen ihre Nachhaltigkeitsberichterstattung entwickeln. Das Vorhandensein von Prüfungs- und Nachhaltigkeitsausschüssen mit einem Schwerpunkt auf nachhaltiger Entwicklung kann die Nachhaltigkeitsberichterstattung verbessern (Dienes et al.2016), ebenso wie die kommenden Regulierungen in diesem Bereich. Es bleibt abzuwarten, inwiefern sich die aktuelle Regulierung hierauf auswirken wird und inwiefern sie zur Verbesserung der Quantität und insbesondere der Qualität der Nachhaltigkeitsberichterstattung führen kann. Wer die Prüfungen der erstellten Berichte durchführen darf sowie die Art und der Umfang der Prüfung stand im Mai 2023 noch nicht fest.

Nachhaltigkeitsberichterstattung auf einen Blick

- Nachhaltigkeitsberichterstattung betrifft neben der ökonomischen insbesondere auch die ökologische und die soziale Dimension.
- Für die Nachhaltigkeitsberichterstattung werden in der Praxis unterschiedliche Begriffe, wie „CSR-Bericht" oder „ESG-Bericht" genutzt, die sich jedoch nicht immer klar voneinander abgrenzen lassen. Werden finanzielle und nicht-finanzielle Aspekte in einem Bericht vereint, spricht man von integrierter Berichterstattung.
- Zur Orientierung können Unternehmen auf verschiedene Rahmenwerke und Standards zurückgreifen, sie können sich beispielsweise an den SDGs orientieren oder ihre Berichte anhand der Standards der GRI erstellen. Auch eine Kombination verschiedener Standards ist möglich.
- Die Nutzung von Standards und Auditierung bringt Vor- aber auch Nachteile. Beispielsweise kann die Glaubwürdigkeit und die Vergleichbarkeit erhöht werden, jedoch steigt auch der Aufwand zur Erstellung und Prüfung des Berichts.
- Zukünftig soll die verpflichtende Berichterstattung anhand einheitlicher Standards zu mehr Transparenz und somit zur Lenkung der Finanzströme in nachhaltigere Aktivitäten führen, was idealerweise zu einer quantitativ und qualitativ hochwertigeren Nachhaltigkeitsberichterstattung beitragen wird.

Übersicht über die Autorinnen und Autoren

Prof. Dr. Marlen Gabriele Arnold leitet seit 2016 die Professur BWL – Betriebliche Umweltökonomie und Nachhaltigkeit an der wirtschaftswissenschaftlichen Fakultät der TU Chemnitz. Seit 2019 ist sie Rektoratsbeauftragte für Nachhaltige Campusentwicklung der TU Chemnitz. Sie ist Mitglied in ministeriellen Arbeitskreisen und Arbeitsgruppen der Landesrektorenkonferenz.

Dr. Leyla Azizi ist seit April 2021 wissenschaftliche Mitarbeiterin an der Professur für Betriebswirtschaftslehre, insb. Umweltmanagement am Internationalen Hochschulinstitut (IHI) Zittau der TU Dresden. Sie hat an der Universität Hamburg Wirtschaftsprüfung und Finanzen studiert. Ihre Forschungsschwerpunkte sind Nachhaltigkeitsmanagement und Nachhaltigkeitsberichterstattung.

Sarah Bärsch absolvierte das Masterstudium „Business Ethics und CSR-Management" und ist seit Januar 2022 an der Professur für Betriebswirtschaftslehre, insb. Umweltmanagement des Internationalen Hochschulinstituts (IHI) Zittau der TU Dresden als wissenschaftliche Mitarbeiterin tätig. Unter anderem unterstützt sie im Rahmen ihrer Tätigkeit das Projekt „Deutscher Nachhaltigkeitskodex". Im Rahmen ihres Promotionsprojektes beschäftigt sie sich mit den Wirkungen der Nachhaltigkeitsberichterstattung auf die Nachhaltigkeitstransformation.

Dr. Colin Bien ist Wirtschaftswissenschaftler mit Nachhaltigkeitsschwerpunkt. Er studierte, forschte und lehrte an verschiedenen Hochschulen, darunter die Leuphana Universität Lüneburg, die Universitäten Oldenburg und Hamburg sowie die ESCP Berlin. Er ist (Mit) Gründer verschiedener Unternehmen, darunter die MASTERS OF CHANGE Podcast Boutique, die Online-Academy nRole für nachhaltiges Wirtschaften und die digitale Plattform WeShyft, die Lösungen zur Verarbeitung von Nachhaltigkeitsinformationen bietet.

Yu-Shan Lin Feuer ist seit Dezember 2020 als wissenschaftliche Mitarbeiterin an der Professur für Betriebswirtschaftslehre, insb. Umweltmanagement am Internationalen Hochschulinstitut (IHI) Zittau der TU Dresden tätig. Sie hat sich in der Lehre im Bereich des unternehmerischen Nachhaltigkeits- und Biodiversitätsmanagements engagiert und arbeitet derzeit an der Entwicklung von Forschungsanträgen in diesem Themenfeld sowie im Projekt Deutscher Nachhaltigkeitskodex.

Lisa Junge ist seit Oktober 2022 als wissenschaftliche Mitarbeiterin an der Professur für Betriebswirtschaftslehre, insb. Umweltmanagement am Internationalen Hochschulinstitut (IHI) Zittau der TU Dresden tätig. Sie engagiert sich in der Lehre im Bereich des unternehmerischen Nachhaltigkeits- und Biodiversitätsmanagements. In ihrer Dissertation beschäftigt sie sich mit der Implementierung des betrieblichen Biodiversitätsmanagements in privaten Finanzinstituten.

Prof. Dr. Remmer Sassen ist seit Oktober 2020 Inhaber der Professur für Betriebswirtschaftslehre, insb. Umweltmanagement am Internationalen Hochschulinstitut (IHI) Zittau der TU Dresden. Zudem vertritt er in Personalunion die Professur für Betriebswirtschaftslehre, insbesondere Nachhaltigkeitsmanagement und Betriebliche Umweltökonomie an der Fakultät Wirtschaftswissenschaften der TU Dresden.

Prof. Dr. Peter Gordon Rötzel, LL.M. ist Forschungsprofessor für Sustainable Information Management & AI-Based Decision Making an der Technischen Hochschule Aschaffenburg und ist Mitglied im Fachkreis Green Controlling for Responsible Business des ICV. Er forscht und lehrt im Bereich ökologisch-orientierte Unternehmenssteuerung, Human-AI-Interaktion sowie Informationswahrnehmung und -Verarbeitung in Entscheidungsprozessen.

Stella-Maria Yerokhin studiert im Master Betriebswirtschaftslehre mit dem Schwerpunkt Umweltmanagement an der Technischen Universität Dresden. Sie hat bereits Erfahrungen in Forschungsprojekten zu Nachhaltigkeitsberichterstattung, Biodiversitätsmanagement im Textilsektor und der Erforschung von Nachhaltigkeitsindikatoren an Hochschulen gesammelt und strebt eine wissenschaftliche Karriere an, um zur Förderung einer nachhaltigen Entwicklung beizutragen.

Literaturverzeichnis

Albertini E. (2013). Does environmental management improve financial performance? A meta-analytical review. Organization & Environment, 26, S. 431–457.

Arnold, M. (2007). Strategiewechsel für eine nachhaltige Entwicklung. Prozesse, Einflussfaktoren und Praxisbeispiele. Theorie der Unternehmung, Band 36, Metropolis.

Asiaei, K., Bontis, N., Barani, O. & Jusoh, R. (2021). Corporate social responsibility and sustainability performance measurement systems: implications for organizational performance. Journal of Management Control, 32(1), S. 85–126.

AXA Group (2021). 2021 Climate Report: the decisive decade. Abgerufen am 22. Juli 2022, von https://www-axa-com.cdn.axa-contento-118412.eu/www-axa-com/db5d9f4b-4bb9-4029-ad51-b9e0e20301fb_2021_Climate_Report.pdf.

AXA Group (2022). Universal Registration Document 2021: Annual Financial Report. Abgerufen am 22. Juli 2022, von https://www-axa-com.cdn.axa-contento-118412.eu/www-axa-com/e3f52b5e-d4aa-4fc8-8bcd-f432df86e804_axa_urd_2021_en_accessible.pdf.

B.A.U.M. Netzwerk für Nachhaltiges Wirtschaften (o.J.). Alexander Hofmann – Wiegel-Gruppe. Abgerufen 28. Mai 2023, von https://www.baumev.de/News/9722/AlexanderHofmannWiegelGruppe.html.

Behrmann, M. & Sassen, R. (2018). Anwendung ökologischer und sozialer Leistungsindikatoren in der Vorstandsvergütung und Unternehmenssteuerung. Zeitschrift für Umweltpolitik & Umweltrecht (ZfU), 41. Jg. (2018), S. 437–467.

Beusch, P., Frisk, J. E., Rosen, M. & Dilla, W. (2022). Management control for sustainability: Towards integrated systems. Management Accounting Research, 54, 100777.

BlackRock (2020). Larry Fink‘s 2020 letter to CEOs. A Fundamental Reshaping of Finance. Abgerufen 05. Juni 2023 von https://www.blackrock.com/us/individual/larry-fink-ceo-letter.

Bonacchi, M. & Rinaldi, L. (2007). DartBoards and Clovers as new tools in sustainability planning and control. Business Strategy and the Environment, 16(7), S. 461–473.

Boulouta, I. & Pitelis, C.N. (2014). Who Needs CSR? The Impact of Corporate Social Responsibility on National Competitiveness. Journal of Business Ethics, Volume 119 (3), S. 349–364.

Bové, A.-T., D’Herde, D. & Swartz, S. (2017). Sustainability’s deepening imprint. McKinsey & Company 2017.

Brown, D. A. & Sundin, H. (2013). Greening the black box, Conference Proceedings of the Accounting and Finance Association of Australia and New Zealand, Perth.

Bundesministerium für Umwelt, Naturschutz, Bau und Reaktorensicherheit (BMUB) (2015). Umweltbewusstsein in Deutschland 2014. Ergebnisse einer repräsentativen Bevölkerungsumfrage. Abgerufen am 28. Mai 2023, von https://www.umweltbundesamt.de/sites/default/files/medien/378/publikationen/umweltbewusstsein_in_deutschland_2014.pdf.

Burritt, R.L. & Saka, C. (2006). Environmental management accounting applications and eco-efficiency: case studies from Japan. Journal of Cleaner Production, 14, S. 1262–1275.

Bustamante, S. (2021). Theoretical Insights into the Relation Between CSR and Employer Attractiveness. In: Bustamante, S., Pizzutilo, F., Martinovic, M., Herrero Olarte, S. (Hrsg.) Corporate Social Responsibility and Employer Attractiveness. CSR, Sustainability, Ethics & Governance. Springer, Cham.

Carmine, S. & De Marchi, V. (2023). Reviewing paradox theory in corporate sustainability toward a systems perspective. Journal of Business Ethics, 184(1), S. 139–158

Clausen, J. & Schramm, S. (2021). Klimaschutzpotenziale der Nutzung von Videokonferenzen und Homeoffice. Ergebnisse einer repräsentativen Befragung von Geschäftsreisenden. CliDiTrans Werkstattbericht. Berlin: Borderstep Institut.

Club of Rome, & Meadows, D. L. (1972). Die Grenzen des Wachstums Bericht des Club of Rome zur Lage der Menschheit. Dt. Verl.-Anst. http://slubdd.de/katalog?TN_libero_mab2.

CSR Berichtspflicht (o.J.). Aktuelle Informationen über die CSR-Berichtspflicht und die Sustainable Finance-Strategie der EU. Abgerufen am 28. Mai 2023, von https://csr-berichtspflicht.de/.

Dasgupta, P. (2021). The Economics of Biodiversity: The Dasgupta Review (S. 99) [Abridged Version]. HM Treasury. https://assets.publishing.service.gov.uk/government/uploads/system/uploads/attachment_data/file/957292/Dasgupta_Review_-_Abridged_Version.pdf.

Deloitte (2019). Sustainability Risk Management. Powering performance for responsible growth. Abgerufen am 28. Mai 2023, von https://www2.deloitte.com/content/dam/Deloitte/my/Documents/risk/my-risk-sdg12-sustainability-risk-management.pdf.

Deloitte (2022). Sustainability trend under pressure. With money tighter than ever, how can companies make a difference now? Abgerufen am 28. Mai 2023, von https://www2.deloitte.com/content/dam/Deloitte/de/Documents/consumer-business/Deloitte-Studie-Sustainability-trend_under_pressure-2022.pdf.

D'heur, M. (2015). Gewinne steigern durch mehr Nachhaltigkeit: 6 Unternehmen zeigen, wie es gehen kann. Abgerufen am 28. Mai 2023, von https://www.wiwo.de/technologie/green/gewinne-steigern-durch-mehr-nachhaltigkeit-6-unternehmen-zeigen-wie-es-gehen-kann/13551384.html.

Dienes, D., Sassen, R. & Fischer, J. (2016). What are the drivers of sustainability reporting? A systematic review. Sustainability Accounting, Management and Policy Journal, 7(2), S. 154–189.

Doan, H. & Sassen, R. (2020) The relationship between environmental performance and environmental disclosure: A meta-analysis. Journal of Industiral Ecology, 24(5), S. 1140–1157.

Dusík, J. & Bond, A. (2022). Environmental assessments and sustainable finance frameworks: Will the EU Taxonomy change the mindset over the contribution of EIA to sustainable development? Impact Assessment and Project Appraisal, 40(2), 90–98.

EFRAG (2022a). Update on Set 2 content and planning of sector standards. https://www.efrag.org/Assets/Download?assetUrl=%2Fsites%2Fwebpublishing%2FMeeting%20Documents%2F2208051002576495 %2F06.01 %20 -%20ESRS%20Sector%20standards%20-%20work%20programme%20-%20 EFRAG%20SRB%2015 %20August%202022_FIN.pdf (Zuletzt abgerufen am 30.05.2023).

EFRAG (2022b). Approach to the Development of European Sustainability Reporting Standards for Listed SMEs – Issues Paper. https://www.efrag.org/Assets/Download?assetUrl=%2Fsites%2Fwebpublishing%2FMeeting%20 Documents%2F2211041503270617 %2F05-01 %20Issues%20Paper%20Approach%20to%20the%20Development%20of%20 European%20Sustainability%20Reporting%20Standard%20for%20Listed%20SMEs%20SR%20 TEG%2017112022 %20fin.pdf (Zuletzt abgerufen am 30.05.2023).

EFRAG (2022c). EU Voluntary Sustainability Reporting Standard for non-listed SMEs that are outside the scope of CSRD – Issue Paper. https://www.efrag.org/Assets/Download?assetUrl=%2Fsites%2Fwebpublishing%2FMeeting%20Documents%2F2211041503270617 %2F04-01 %20 Issue%20Paper%20-%20Approach%20to%20EU%20Voluntary%20Reporting%20Standard%20for%20SMEs%20outside%20the%20scope%20of%20 CSRD%20and%20Appendix%201 %20-%20SR%20TEG%2017112022.pdf (Zuletzt abgerufen am 30.05.2023EFRAG (o.D.). First Set of draft ESRS. https://www.efrag.org/lab6 (Zuletzt abgerufen am 06.06.2023).

El-Haggar, S. & Samaha, A. (2019). Sustainability Management System. In: Roadmap for Global Sustainability — Rise of the Green Communities. Advances in Science, Technology & Innovation. Springer, Cham.

Elkington, J. (1997). Cannibals with Forks: the Triple Bottom Line of 21st Century Business. Capstone Publishers, Oxford.

EMAS (o.D.). EMAS anwenden – die einzelnen Schritte. https://www.emas.de/schritt6#:~:text=Die%20Umwelterkl%C3 %A4rung%20wird%20 j%C3 %A4hrlich%20aktualisiert,wesentlichen%20 %C3 %84nderungen%20 des%20abgelaufenen%20Jahres (Zuletzt abgerufen am 06.06.2023).

Epstein, M. J., Roy, M. J. 2001. Sustainability in action: Identifying and measuring the key performance drivers. Long range planning, 34(5), S. 585–604.

Europäische Kommission. (2019). Der europäische Grüne Deal (COM(2019) 640 final). Europäische Kommission. https://eur-lex.europa.eu/resource.html?uri=cellar:b828d165-1c22-11ea-8c1f-01aa75ed71a1.0021.02/DOC_1&format=PDF.

Europäische Kommission. (2020a). Ein neuer Aktionsplan für die Kreislaufwirtschaft. Für ein saubereres und wettbewerbsfähigeres Europa (COM(2020) 98 final). Europäische Kommission.

Europäische Kommission. (2020b). EU-Biodiversitätsstrategie für 2030. Europäische Kommission. https://eur-lex.europa.eu/legal-content/DE/TXT/HTML/?uri=CELEX:52020DC0380.

Europäische Kommission. (2020c). „Vom Hof auf den Tisch“ – eine Strategie für ein faires, gesundes und umweltfreundliches Lebensmittelsystem

(COM(2020) 381 final). Europäische Kommission. https://eur-lex.europa.eu/legal-content/DE/TXT/HTML/?uri=CELEX:52020DC0381.

Europäische Kommission. (2020d). Technical expert group on sustainable finance (TEG). https://finance.ec.europa.eu/publications/technical-expert-group-sustainable-finance-teg_de.

Europäische Kommission. (2021). Delegierte Verordnung (EU) 2021/2139 der Kommission. Zur Ergänzung der Verordnung (EU) 2020/852 des Europäischen Parlaments und des Rates durch Festlegung der technischen Bewertungskriterien, anhand deren bestimmt wird, unter welchen Bedingungen davon auszugehen ist, dass eine Wirtschaftstätigkeit einen wesentlichen Beitrag zum Klimaschutz oder zur Anpassung an den Klimawandel leistet, und anhand deren bestimmt wird, ob diese Wirtschaftstätigkeit erhebliche Beeinträchtigungen eines der übrigen Umweltziele vermeidet (Nr. 2021/2139). Amtsblatt der Europäischen Union. https://eur-lex.europa.eu/legal-content/DE/TXT/HTML/?uri=CELEX:32021R2139.

Europäische Kommission. (2022). EU Taxonomy: Commission presents Complementary Climate Delegated Act to accelerate decarbonisation. Europäische Kommission. https://ec.europa.eu/commission/presscorner/detail/en/ip_22_711.

Europäische Kommission. (2023). Nachhaltige Investitionen – EU-Umwelttaxonomie. https://ec.europa.eu/info/law/better-regulation/have-your-say/initiatives/13237-Nachhaltige-Investitionen-EU-Umwelttaxonomie_de.

Europäische Kommission. (o.D.). EU taxonomy for sustainable activities [Websiteeintrag]. https://finance.ec.europa.eu/sustainable-finance/tools-and-standards/eu-taxonomy-sustainable-activities_en.

Europäisches Parlament und Rat der EU. (2020). VERORDNUNG (EU) 2020/852 DES EUROPÄISCHEN PARLAMENTS UND DES RATES vom 18. Juni 2020 über die Einrichtung eines Rahmens zur Erleichterung nachhaltiger Investitionen und zur Änderung der Verordnung (EU) 2019/2088 (Version 2020/852). Amtsblatt der Europäischen Union. https://eur-lex.europa.eu/legal-content/DE/TXT/HTML/?uri=CELEX:32020R0852.

Europäische Union (2022). Richtlinie (EU) 2022/2464 des Europäischen Parlaments und des Rates vom 14. Dezember 2022 zur Änderung der Verordnung (EU) Nr. 537/2014 und der Richtlinien 2004/109/EG, 2006/43/EG und 2013/34/EU hinsichtlich der Nachhaltigkeitsberichterstattung von Unternehmen. Richtlinie (EU) 2022/2464.

European Financial Reporting Advisory Group (EFRAG), 2023. First Set of draft ESRS. Sustainability Reporting Standards. Abgerufen am 28. Mai 2023, von https://www.efrag.org/lab6.

EU TEG. (2020). Taxonomy: Final report of the Technical Expert Group on Sustainable Finance (S. 66) [Technical Report]. European Commission. https://finance.ec.europa.eu/system/files/2020-03/200309-sustainable-finance-teg-final-report-taxonomy_en.pdf.

Fifka, M. (2014a). Einführung – Nachhaltigkeitsberichterstattung: Eingrenzung eines heterogenes Phänomen. In: Matthias S. Fifka (Hg.): CSR und Reporting. Nachhaltigkeits- und CSR-Berichterstattung verstehen und erfolgreich umsetzen. Berlin, Heidelberg: Springer Gabler (Management-Reihe Corporate Social Responsibility), S. 1–20.

Fifka, M S. (2014b). CSR und Reporting: Nachhaltigkeits- und CSR-Berichterstattung verstehen und erfolgreich umsetzen. Berlin, Heidelberg: Springer Gabler.

Fombrun, C.J., Gardberg, N.A. & Sever, J.M. (2000). The Reputation Quotient: A Multistakeholder Measure of Corporate Reputation. The Journal of Brand Management, Volume 7 (4), 241–255.

Freidank, C.-C. & Sassen, R. (2022). Einflüsse von Corporate Governance- und nachhaltigkeitsorientierten Normen auf das Controlling. In W. Becker & P. Ulrich (Hrsg.), Handbuch Controlling, 2. Aufl. (S. 1043–1055). Springer Fachmedien Wiesbaden.

Frey, S., Bar Am, J., Doshi, V., Malik, A. & Noble, S. (2023). Consumers care about sustainability—and back it up with their wallets. A joint study from McKinsey and NielsenIQ examines sales growth for products that claim to be environmentally and socially responsible. McKinsey & Company, Februar 2023.

Friede, G., Busch, T. & Bassen, A. (2015). ESG and financial performance: aggregated evidence from more than 2000 empirical studies. Journal of Sustainable Finance & Investment, Volume 5 (4), S. 210–233.

Fuest, C. & Meier, V. (2022). Green Finance, die EU-Taxonomie für nachhaltige Aktivitäten und der Klimaschutz: Eine wohlfahrtsökonomische Analyse. Ifo Institute – Leibniz Institute for Economic Research at the University of Munich.

Gansel, C. & Luttermann, K. (Hrsg.) (2020). Nachhaltigkeit – Konzept, Kommunikation, Textsorten. Mannheim: Universitätsbibliothek Mannheim.

Global Reporting Initiative (GRI). (2021a). A short introduction to the GRI Standards, S. 1–6.

Global Reporting Initiative (GRI). (2021b). GRI 1: Foundation 2021, S. 1–39.

Global Reporting Initiative (GRI) (2021c). GRI Standards: Sustainability Reporting Guidelines. Abgerufen von https://www.globalreporting.org/standards/.

Global Reporting Initiative GRI (2023). Our mission and history. https://www.globalreporting.org/about-gri/mission-history/ (Zuletzt abgerufen am 06.06.2023).

Global Sustainable Investment Alliance, 2021. Global Sustainable Investment Review 2020, Abgerufen am 28. Mai 2023, von http://www.gsi-alliance.org/wp-content/uploads/2021/08/GSIR-20201.pdf.

Gomez-Trujillo, A.M., Velez-Ocampo, J. & Gonzalez-Perez, M. A. (2020). A literature review on the causality between sustainability and corporate reputation: What goes first?. Management of Environmental Quality: An International Journal, Volume 31 (2), 406–430.

Gond, J.-P., Grubnic, S., Herzig, C. & Moon, J. (2012). Configuring management control systems: Theorizing the integration of strategy and sustainability. Management Accounting Research, 23(3), S. 205–223.

González-Benito, J., Lannelongue, G. & Queiruga, D. (2011). Stakeholders and environmental management systems: a synergistic influence on environmental imbalance. Journal of Cleaner Production, 19(14), S. 1622–1630.

Grabner, I. & Moers, F. (2013). Management control as a system or a package? Conceptual and empirical issues. Accounting, Organizations and Society, 38(6-7), S. 407–419.

Gross, R. (2014) Corporate Social Responsibility and Employee Engagement: Making the Connection. White Paper. http://www.charities.org/sites/default/files/corporate_responsibility_white_paper%20copy.pdf.

Guenther, E., Endrikat, J. & Guenther, T. W. (2016). Environmental management control systems: a conceptualization and a review of the empirical evidence. Journal of Cleaner Production, 136, S. 147–171.

Haffar, M. & Searcy, C. (2017). Classification of trade-offs encountered in the practice of corporate sustainability. Journal of Business Ethics, 140, S. 495–522.

Hahn, T., Figge, F., Pinkse, J. & Preuss, L. (2010). Trade-offs in corporate sustainability: You can't have your cake and eat it. Business strategy and the environment, 19(4), S. 217–229.

Hahn T., Pinkse J., Preuss L. & Figge F. (2015). Tensions in corporate sustainability: Towards an integrative framework. Journal of Business Ethics, 127, S. 297–316.

Hamborner Reit (o.J.). Nachhaltigkeit. Abgerufen am 28. Mai 2023, von https://www.hamborner.de/nachhaltigkeit/.

Henri, J. F. & Journeault, M. (2010). Eco-control: The influence of management control systems on environmental and economic performance. Accounting, organizations and society, 35(1), S. 63–80.

Herzig, C. & Mathias P. (2013). Betriebliche Nachhaltigkeitsberichterstattung, S. 335–359.

Herzig, C. & Schaltegger, S. (2006). Corporate sustainability reporting: An overview, in: Schaltegger, S., Bennett, M., Burritt, R.L. (Hrsg.), Sustainability accounting and reporting. Springer, Dordrecht, S. 301–324.

Herzig, C. & Schaltegger, S. (2011): Chapter 14: Corporate Sustainability Reporting. In: Jasmin Godemann und Gerd Michelsen (Hg.): Sustainability Communication. Interdisciplinary Perspectives and Theoretical Foundations. Dordrecht, Heidelberg, London, New York: Springer Netherlands, S. 151–169.

Hillenbrand, C. & Money, K (2007) Corporate Responsibility and Corporate Reputation: Two Separate Concepts or Two Sides of the Same Coin? Corporate Reputation Review Volume 10 (4), S. 261–277.

Hristov, I.; Chirico, A. & Appolloni, A. (2019). Sustainability Value Creation, Survival, and Growth of the Company: A Critical Perspective in the Sustainability Balanced Scorecard (SBSC). Sustainability, 11, 2119.

Internationaler Controller Verein e.V. (Hrsg.) (2011). Green Controlling eine (neue) Herausforderung für den Controller? Relevanz und Herausforderungen der Integration ökologischer Aspekte in das Controlling aus Sicht der Controllingpraxis, Gauting/Stuttgart.

Internationaler Controller Verein e.V. (Hrsg.) (2016). Green Controlling 2015/16 – Wo stehen wir nach 5 Jahren? Stand und Herausforderungen der Integration ökologischer und sozialer Aspekte in das Controlling aus Sicht der Controllingpraxis, Wörthsee.

Internationaler Controller Verein e.V. (Hrsg.) (2022). Green Controlling Studie 2022 – Stand und Herausforderungen der Integration ökologischer und sozialer Aspekte in das Controlling aus Sicht der Controllingpraxis, Wörthsee.

International Integrated Reporting Council (IIRC) (2013). Consultation Draft of the International Integrated Reporting Framework, S. 1–37.

ISO 26000. Guidance on Social Responsibility. International Organization for Standardization.

Johnstone, L. (2019). Theorising and conceptualising the sustainability control system for effective sustainability management. Journal of Management Control, 30(1), S. 25–64.

Johnstone, L. (2020). A systematic analysis of environmental management systems in SMEs: Possible research directions from a management accounting and control stance. Journal of Cleaner Production, 244, 118802.

Jonker, J., Stark, W. & Tewes, S. (2011). CSR und Nachhaltigkeit im Kerngeschäft des Unternehmens. In: Corporate Social Responsibility und nachhaltige Entwicklung. Springer, Berlin, Heidelberg.

Kannegiesser, M. & Linde, M.-L. (2018). N-Kompass – die Strategiemethode für Nachhaltigkeit im Unternehmen, in: Weber, G., & Bodemann, M. (Hrsg.). CSR und Nachhaltigkeitssoftware: Softwareanwendungen, Werkzeuge und Tools. Berlin, Heidelberg: Springer Gabler. 49–66.

Kaplan, R.S. & Norton, D.P. (1997). Balanced Scorecard. Schäffer-Poeschel.

Kolk, A. & Pinkse, J. (2007). Towards strategic stakeholder management? Integrating perspectives on sustainability challenges such as corporate responses to climate change. Corporate Governance, 7(4), S. 370–378.

Korteling J.E., Paradies G.L. & Sassen-van Meer J.P. (2023). Cognitive bias and how to improve sustainable decision making. Front. Psychol. 14:1129835.

KPMG (2022). Big shifts, small steps. Survey of Sustainability Reporting 2022. https://assets.kpmg.com/content/dam/kpmg/xx/pdf/2023/04/big-shifts-small-steps.pdf (zuletzt abgerufen im Mai 2023).

Kraus, S., Burtscher, J., Vallaster, C. & Angerer, M. (2018). Sustainable entrepreneurship orientation: a reflection on status-quo research on factors facilitating responsible managerial practices. Sustainability, 10, 444, S. 1–21.

Küpper, H.-U., Friedl, G., Hofmann, C. et al. (2013). Controlling. Konzeption, Aufgaben, Instrumente. 6. Aufl. Schäffer-Poeschel. Stuttgart.

Kuzma, E., Padilha, L. S., Sehnem, S., Julkovski, D. J. & Roman, D. J. (2020). The relationship between innovation and sustainability: A meta-analytic study. Journal of Cleaner Production, Volume 259, 120745.

Langfield-Smith, K. (1997). Management control systems and strategy: A critical review. Accounting, Organizations and Society, 22(2), S. 207–232.

Ludwig, P. & Sassen, R. (2022). Which internal corporate governance mechanisms drive corporate sustainability? Journal of Environmental Management, Volume 301, 113780.

Lueg, R. & Radlach, R. (2016). Managing sustainable development with management control systems: A literature review. European Management Journal, 34(2), S. 158–171.

Malmi, T. & Brown, D.A. (2008). Management control systems as a package – opportunities, challenges and research directions. Management Accounting Research, 19(4), S. 287–300.

Merchant, K. & Van der Stede, W. (2023). Management Control Systems. 5. Aufl. Pearson.

Morris, J., Sassen, R. & McGuinness, M. (2023). Beyond water scarcity and efficiency? Water sustainability disclosures in corporate reporting. Sustainability Accounting, Management and Policy Journal, ahead-of-print(ahead-of-print).

Nidumolu, R., Prahalad, C. K. & Rangaswami, M. R. (2009). Why sustainability is now the key driver of innovation. Harvard business review, 87(9), S. 56–64.

Oliver, J., Vesty, G. & Brooks, A. (2016). Conceptualising integrated thinking in practice. Managerial Auditing Journal, 31(2), S. 228–248.

Oranges Cezarino, L., Bartocci Liboni, L., Hunter, T., Marchiori Pacheco, L. & Pinheiro Martins, F. (2022). Corporate social responsibility in emerging markets: Opportunities and challenges for sustainability integration. Journal of Cleaner Production, Volume 362, 132224.

Orlitzky M., Schmidt F. L. & Rynes S. L. (2003). Corporate social and financial performance: A meta-analysis. Organization Studies, 24(3), S. 403–441.

Otley, D. (1999). Performance management: a framework for management control systems research, Management Accounting Research, 10(4), S. 363–382.

Pacces, A.M. (2021). Will the EU Taxonomy Regulation Foster Sustainable Corporate Governance? Sustainability, 13(21).

Panagiotakopoulos, P., Espinosa, A. & Walker, J. (2015). Integrated sustainability management for organizations, Kybernetes, Vol. 44 No. 6/7, pp. 984–1004.

Pedersen, L. H., Fitzgibbons, S. & Pomorski, L. (2021). Responsible investing: The ESG-efficient frontier. Journal of Financial Economics, 142(2), S. 572–597

Perego, P. & Hartmann, F. (2009). Aligning performance measurement systems with strategy: The case of environmental strategy. Abacus, 45(4), S. 397–428.

Polman, P. & Bhattacharya, C. B. (2016). Engaging employees to create a sustainable business. Stanford Social Innovation Review, Volume 14 (4), S. 34–39.

Pondeville, S., Swaen, V. & De Rongé, Y. (2013). Environmental management control systems: The role of contextual and strategic factors. Management accounting research, 24(4), S. 317–332.

Presley, A., Presley, T. & Blum, M. (2018). Sustainability and company attractiveness: A study of American college students entering the job market. Sustainability Accounting, Management and Policy Journal, Volume 9.

Ranängen, H. & Lindman, Å. (2020). Walk the Talk—A Sustainability Management System for Social Acceptance in Nordic Mining. Sustainability, 12, 3508.

Rat für Nachhaltige Entwicklung (RNE) (2020). Leitfaden zum Deutschen Nachhaltigkeitskodex – Orientierungshilfe für Einsteiger. https://www.deutscher-nachhaltigkeitskodex.de/de-DE/Documents/PDFs/Sustainability-Code/Leitfaden-zum-Deutschen-Nachhaltigkeitskodex.aspx (zuletzt abgerufen im Mai 2023).

Rat für Nachhaltige Entwicklung (2022a). Factsheet zur CSRD. Abgerufen am 09. Mai 2023 von: https://www.deutscher-nachhaltigkeitskodex.de/de-DE/Documents/PDFs/Sustainability-Code/DNK-Infoblatt_CSRD_2021_05_19.aspx.

Rat für Nachhaltige Entwicklung (2022b). Innovationspolitik für nachhaltige Entwicklung. Stellungnahme des Rates für Nachhaltige Entwicklung, Mai 2022. Abgerufen 28. Mai 2023, von https://www.nachhaltigkeitsrat.de/wp-content/uploads/2022/05/20220530_RNE_Stellungnahme_Innovations-politik_fuer_nachhaltige_Entwicklung.pdf.

Rehman, S.U., Bhatti, A., Kraus, S. & Ferreira, J.J.M. (2021). The role of environmental management control systems for ecological sustainability and sustainable performance. Management Decision, 59 (9), S. 2217–2237.

Reichmann, T., Kißler, M. & Baumöl, U. (2017). Controlling mit Kennzahlen: Die systemgestützte Controlling-Konzeption. Vahlen.

RepTrak. (2023). 2023 Global RepTrak 100. Abgerufen 28. Mai 2023, von https://www.reptrak.com/rankings/.

Rockström, J., Steffen, W., Noone, K., Persson, Å., Chapin, F. S., Lambin, E. F., Lenton, T. M., Scheffer, M., Folke, C., Schellnhuber, H. J., Nykvist, B., de Wit, C. A., Hughes, T., van der Leeuw, S., Rodhe, H., Sörlin, S., Snyder, P. K., Costanza, R., Svedin, U. & Foley, J. A. (2009). A safe operating space for humanity. Nature, 461(7263), 472–475.

Rötzel, P. G., Stehle, A., Pedell, B. & Hummel, K. (2019). Integrating environmental management control systems to translate environmental strategy into managerial performance. Journal of Accounting & Organizational Change, 15(4), S. 626–653.

Rügenwalder Mühle Carl Müller GmbH & Co. KG (2021). Lagebericht für das Geschäftsjahr 2021. Abgerufen 28. Mai 2023, von https://www.bundesanzeiger.de/pub/de/suchergebnis?5.

SangSu C. & Lee, J.Y. (2017). Development of a framework for the integration and management of sustainability for small- and medium-sized enterprises, International Journal of Computer Integrated Manufacturing, 30:11, 1190–1202.

Sassen, R., Azizi, L., Bien, C. & Braun, V. Studie Stand nachhaltigen Wirtschaftens in Deutschland. Gesellschaft für Wissens- und Technologietransfer im Auftrag von Rat für Nachhaltige Entwicklung, Mai 2021.

Sassen, R., Hinze, A.K. & Hardeck, I. (2016). Impact of ESG factors on firm risk in Europe. Journal of Business Economics, Volume 86, S. 867–904.

Sassen, R., Hinze, A.-K. & Meuthen, M. H. (2018). Regulierung des Controllings vor dem Hintergrund gesamtgesellschaftlicher Zielsetzungen. In P. Velte, S. Müller, S. C. Weber, R. Sassen, & A. Mammen (Hrsg.), Rechnungslegung, Steuern, Corporate Governance, Wirtschaftsprüfung und Controlling: Beiträge aus Wissenschaft und Praxis (S. 505–524). Springer Fachmedien Wiesbaden.

Schaltegger, S., Hansen, E. G. & Lüdeke-Freund, F. (2016). Business models for sustainability: A co-evolutionary analysis of sustainable entrepreneurship, innovation, and transformation. Organization & Environment, 29(3), 264–289.

Schaltegger, S., Lüdeke-Freund, F. & Hansen, E. G. (2012). Business cases for sustainability: The role of business model innovation for corporate sustainability. International Journal of Innovation and Sustainable Development, 6(2), 95–119.

Settembre-Blundo, D., González-Sánchez, R., Medina-Salgado, S. et al. (2021). Flexibility and Resilience in Corporate Decision Making: A New Sustainability-Based Risk Management System in Uncertain Times. Glob J Flex Syst Manag 22 (Suppl 2), 107–132.

Silva, S., Nuzum, A. K. & Schaltegger, S. (2019). Stakeholder expectations on sustainability performance measurement and assessment. A systematic literature review. Journal of Cleaner Production, 217, S. 204–215.

Stancu-Minasian, I.A., Rauschmayer, F. & Schäpke, N. (2018). Implementing sustainability transformations: findings from a realist synthesis. Sustainability Science, 13(6), 1501–1513.

Steffen, W., Richardson, K., Rockström, J., Cornell, S. E., Fetzer, I., Bennett, E. M., Biggs, R., Carpenter, S. R., de Vries, W., de Wit, C. A., Folke, C., Gerten, D., Heinke, J., Mace, G. M., Persson, L. M., Ramanathan, V., Reyers, B. & Sörlin, S. (2015). Planetary boundaries: Guiding human development on a changing planet. Science, 347(6223), 1259855.

Stehle, A. (2016). Gestaltungsparameter und verhaltensbeeinflussende Wirkung ökologisch orientierter Steuerungssysteme – eine fallstudienbasierte Untersuchung. Band 12 der Reihe: Controlling und Management. NomosStehle, A., & Pedell, B. 2019. Design ökologisch orientierter Steuerungssysteme–eine Fallstudienuntersuchung. Controlling, 31(4), S. 68–75.

Stepanek, P. (2022). Sozialwirtschaft nachhaltig managen. Eine Einführung. In: Basiswissen Sozialwirtschaft und Sozialmanagement. Springer.

Sustainable-Finance-Beirat der Bundesregierung (2021). Brief des Sustainable Finance Beirats an die Verhandelnden des Koalitionsvertrages. Abgerufen 28. Mai 2023, von https://sustainable-finance-beirat.de/wp-content/uploads/2021/10/20211007_Brief_Koalitionsv_SF-Beirat.pdf.

TerraChoice (2009). The Seven Sins of Greenwashing. https://www.ul.com/insights/sins-greenwashing (zuletzt abgerufen im Mai 2023).

The LEGO Group (2022). 2022 Sustainability Progress. Abgerufen 28. Mai 2023, von https://www.lego.com/cdn/cs/sustainability/assets/blt8d469718b2353f05/LEGO_Sustainability_Progress_Report2022_FINAL.pdf.

Van der Byl, C. A. & Slawinski, N. (2015). Embracing tensions in corporate sustainability: A review of research from win-wins and trade-offs to paradoxes and beyond. Organization & Environment, 28(1), S. 54–79.

VAUDE. CSR-Report – Nachhaltiges Wirtschaften. (o.J.). Abgerufen 28. Mai 2023, von https://nachhaltigkeitsbericht.vaude.com/gri/vaude/nachhaltiges-wirtschaften.php.

Vollmar, B.H. (2022). Controlling und Nachhaltigkeit. In: Becker, W., Ulrich, P. (Hrsg.). Handbuch Controlling. 2. Aufl. Springer, S. 1095–1134.

Wagner, D.N. (2023). Achieving CSR with Artificially Intelligent Nudging. In: Schmidpeter, R., Altenburger, R. (Hrsg.). Responsible Artificial Intelligence. CSR, Sustainability, Ethics & Governance. Springer, Cham.

Wijethilake, C. (2017). Proactive sustainability strategy and corporate sustainability performance: The mediating effect of sustainability control systems. Journal of Environmental Management, 196, S. 569–582.

World Economic Forum. (2021). Global Risks Report 2021 (Insight Report 16th edition; S. 96). World Economic Forum. https://www3.weforum.org/docs/WEF_The_Global_Risks_Report_2021.pdf.

World Economic Forum. (2022). Global Risks Report 2022 (Insight Report 17th edition; S. 116). World Economic Forum. https://www3.weforum.org/docs/WEF_The_Global_Risks_Report_2022.pdf.

World Economic Forum. (2023). Global Risks Report 2023 (Insight Report 18th edition; S. 97). World Economic Forum. https://www3.weforum.org/docs/WEF_Global_Risks_Report_2023.pdf.

Wright, C. & Nyberg, D. (2017). An inconvenient truth: How organizations translate climate change into business as usual. Academy of Management Journal, 60(5), S. 1633–1661.

Sachverzeichnis